樊阳程　徐保军

刘　阳　陈　慧

著

COMPARATIVE
ADVANTAGE ON
CHINA
ECOLOGICAL CIVILIZATION
CONSTRUCTION

中国生态文明建设
比较优势研究

社会科学文献出版社
SOCIAL SCIENCES ACADEMIC PRESS (CHINA)

本书是国家社会科学基金青年项目"中国生态文明建设国际比较研究"（批准号：13CKS022）和教育部中国生态文明建设发展报告（批准号：13JBG003）资助成果

目　录

绪　论 ⋯⋯⋯⋯⋯⋯⋯⋯⋯⋯⋯⋯⋯⋯⋯⋯⋯⋯⋯⋯⋯ 001

第一章　理论与实践背景 ⋯⋯⋯⋯⋯⋯⋯⋯⋯⋯⋯⋯ 012

　第一节　思想背景 ⋯⋯⋯⋯⋯⋯⋯⋯⋯⋯⋯⋯⋯⋯⋯ 012

　第二节　实践背景 ⋯⋯⋯⋯⋯⋯⋯⋯⋯⋯⋯⋯⋯⋯⋯ 029

　第三节　新时代生态文明建设思想 ⋯⋯⋯⋯⋯⋯⋯⋯ 038

第二章　指标体系 ⋯⋯⋯⋯⋯⋯⋯⋯⋯⋯⋯⋯⋯⋯⋯ 046

　第一节　参考借鉴 ⋯⋯⋯⋯⋯⋯⋯⋯⋯⋯⋯⋯⋯⋯⋯ 046

　第二节　设计思路 ⋯⋯⋯⋯⋯⋯⋯⋯⋯⋯⋯⋯⋯⋯⋯ 051

　第三节　体系框架 ⋯⋯⋯⋯⋯⋯⋯⋯⋯⋯⋯⋯⋯⋯⋯ 063

第三章　进展态势 ⋯⋯⋯⋯⋯⋯⋯⋯⋯⋯⋯⋯⋯⋯⋯ 079

　第一节　建设进展的国际状况 ⋯⋯⋯⋯⋯⋯⋯⋯⋯⋯ 079

　第二节　中国建设进展的比较特征 ⋯⋯⋯⋯⋯⋯⋯⋯ 105

　第三节　建设进展态势的国际比较 ⋯⋯⋯⋯⋯⋯⋯⋯ 123

　第四节　进展与态势分析 ⋯⋯⋯⋯⋯⋯⋯⋯⋯⋯⋯⋯ 165

　第五节　中国的经验与政策建议 ⋯⋯⋯⋯⋯⋯⋯⋯⋯ 171

第四章　类型分析 ⋯⋯⋯⋯⋯⋯⋯⋯⋯⋯⋯⋯⋯⋯⋯ 179

　第一节　水平类型 ⋯⋯⋯⋯⋯⋯⋯⋯⋯⋯⋯⋯⋯⋯⋯ 180

第二节 进展类型 …………………………………………… 195

第三节 综合类型 …………………………………………… 209

第四节 类型分析及对策建议 ……………………………… 223

第五章 战略思考 ……………………………………………… 228

第一节 中国生态文明建设的世界意义 …………………… 228

第二节 中国生态文明建设的比较优势 …………………… 231

第三节 中国生态文明建设的战略目标 …………………… 234

第四节 中国生态文明建设的政策建议 …………………… 241

主要参考文献 ………………………………………………… 250

主要数据来源 ………………………………………………… 255

后　记 ………………………………………………………… 256

绪 论

　　生态文明建设是中国特色社会主义道路的有机组成部分。对中国生态文明建设现状进行比较研究，源自中国生态文明建设实际发展的需要。

　　生态文明的概念产生于中国，承接了 20 世纪西方环保运动、可持续发展理念的精华，又不仅仅局限于环境保护和可持续发展，是对文明与自然共同繁荣与和谐共赢的追求，是人类文明发展的必然趋势。对中国生态文明建设进行比较研究，可博采众长，为我所用，推动发展。一些国家的生态文明相关领域建设已经有了不少积累。通过量化比较研究，可以明确中国生态文明建设进展态势和类型状况，借鉴先进经验，确立目标、找准重点，推进建设，为生态文明制度建设提供理论支撑和实践参考。

　　为考察中国生态文明建设进展和类型的比较特征，本书构建了生态文明建设指标体系。基于生态文明建设的内涵，从生态活力、环境质量、社会发展和协调程度四个方面，18 个具体领域展开生态文明综合量化评价①。以 117 个国家为总体样本，以 2017 年为评估年，以 1990 年为对比年，计算得到各国的生态文明进步指数和年均进步率，并考察了不同阶段各国建设进展的变化态势。基于 1990～2017 年各国建设的年均进步率和 2017 年的建设水平指数，对不同经济发展水平、不同地区国家的建设水平和进展类型进行分析，据此划分各国生态文明建设的综合类型。

---

　　① 需要说明的是，受限于可获取数据的相对滞后性、样本的有限性和部分数据缺失，本书相关评价结果尚难以反映全貌，参考意义有一定局限。加之数据量较大，任务烦琐，错漏在所难免，恳请读者批评指正。

在此基础上，本书考察了中国生态文明建设进展的特征，分析中国生态文明建设取得的积极成果和存在的不足，考察中国生态文明建设进展趋势及变化与发达国家、金砖国家等的异同，考察建设的难点；并将发展水平与进展维度相结合，分析中国生态文明建设类型的特征，以明确中国生态文明建设未来的发展道路。

一 生态文明建设国际比较的背景

中国正努力走向社会主义生态文明新时代。随着人类文明的演化，工业文明彻底改变了人与自然的关系，以征服者姿态自居的人类对自然的控制、改造，一方面带来了超越以往世代总和的生产成就，另一方面也带来了环境恶化、生态失衡和资源短缺。在这场全球危机面前，共处于地球生物圈中的世界各国，或主动或被动走向生态文明建设进程。

1. 生态文明是人类文明发展的必由之路

中国所选择的生态文明之路，是符合人类历史发展方向的道路。从人类文明的发展阶段来理解，生态文明或可称为后工业文明。生态文明是对传统工业文明的扬弃，继承了传统工业文明创造的积极成果，同时也克服了传统工业文明在器物层次、行为层次、制度层次和精神层次上引发生态危机的因素，将传统工业文明与生态的对立冲突转化为统一和谐。生态文明理念从人类历史的延续及其与地球演化互动的宏观视角来反思人类文明的未来。

2. 生态文明建设的内涵与不同层面

生态文明的核心是人与自然的和谐。作为超越工业文明的一种文明新形态，生态文明不是无源之水、无本之木，而是一个渐进形成的过程。依据文明的特征，从器物、行为、制度和精神层面展开生态文明建设，处理生态、环境、资源与人之间的关系。从生态文明与共产主义的内在一致性来看，中国所进行的生态文明建设本身就是共产主义建设的一部分。从生态文明建设协调人类与自然关系的内核来看，西方国家提出和实践的生态现代化等，也是对生态化生产方式、生活方式的积极探索，可以纳入广义的生态文明建设。中国特色的生态文明建设与广义的生态文明建设共同构成全球生态文明建设进程的不同层面，均可从生态活力、环境质量、社会发展和协调程度四个方面进行量化考察。

二　中国在国际生态文明建设进程中大放异彩

本书对1990～2017年包含中国在内的117个国家从整体进展、年均进步率展开考察，并对比了1990～2000年、2000～2010年、2010～2017年三个阶段的发展态势。

1. 世界各国的生态文明建设进展状况

国际生态文明建设进展方面，1990～2017年，大部分国家生态文明建设呈现进步态势。进步指数117个样本国家中有95个国家的生态文明建设呈现为进步，22个国家的生态文明建设呈现为退步。根据国际生态文明建设进步指数，中国社会发展和协调程度进步指数均排名第一。

在IECPI 2018考察的四个核心领域中，环境质量和协调程度成为各国生态文明建设的短板。生态活力领域有8个国家进步率为负值，即建设进展有所退步，环境质量领域有76个国家为负值，社会发展领域仅有2个国家为负值，协调程度领域有32个国家为负值。

影响四个核心领域发展的主要因素归结为：自然保护地建设的推进，土壤环境质量的变化，产业结构的调整，高等教育水平的提升，能源消费结构和效能的变动。自然保护区面积增长率的不同影响各国生态活力的建设进展情况，化肥施用强度下降率和农药施用强度下降率是制约各国环境质量改善的主要因素，服务业附加值占GDP比例增长率和高等教育入学增长率是影响社会发展进步的主要因素，化石能源消费比例下降率和单位GDP二氧化碳排放量下降率主要制约各国协调程度的发展。

国际生态文明建设进展态势整体情况并不乐观，大部分国家建设速度不断放慢。比较2000～2010年与1990～2000年的年均进展速度发现，1990～2010年，有61个国家的生态文明建设进展呈现加速状态，占样本国家的52.1%；比较2010～2017年与2000～2010年的年均进展速度发现，仅有40个国家的建设进展呈现加速状态，占样本国家的34.2%。1990年以来，生态文明建设持续加速的国家有 13 个，如美国、日本、英国等，占样本国家的 11.1%；经历减速后加速的国家有 27 个，如中国、法国、瑞典等，占比 23.1%；而加速后转为减速的国家有 48 个，如印度、巴西、澳大利亚等，占比 41.0%；持续减速的国家有 29 个，如瑞士、德国、俄罗斯等，占比 24.8%。

2. 中国生态文明建设进展速度引人瞩目

在生态文明建设进展方面，1990～2017 年，中国生态文明建设成效明显。中国生态文明建设进步指数（IECPI 2018）世界排名第 1 位，生态活力、环境质量、社会发展和协调程度等领域的进步指数均高于各国平均得分。其中，社会发展进步指数和协调程度进步指数均排在世界第一位，在全球经济形势下行的大背景下，中国不仅在经济、教育、医疗等方面保持有序发展，而且在资源能源降耗减排方面提前完成了《巴黎协定》的一些承诺，如森林总蓄积量提升和单位 GDP 二氧化碳排放量下降等。与典型发达国家及金砖国家相比，中国生态文明进步指数以 127.84 分的显著优势高于 G7 国家和金砖国家的平均水平。中国在生态活力和环境质量领域低于典型发达国家和金砖国家平均水平，而社会发展和协调程度显著高于典型发达国家和金砖国家平均水平。

在生态文明建设进展态势方面，1990～2017 年，中国生态文明建设年均进步率始终保持加速发展态势。其中，1990～2000 年、2000～2010 年和 2010～2017 年中国生态文明建设年均进步率分别为 2.04%、1.59% 和 2.44%，中国每个阶段的年均进步率均高于发达国家和 117 国平均水平，在经济发展、能源效率和气候变化应对等方面都作出了阶段性贡献。中国生态文明建设年均进步率的阶段性变化呈现先减速后加速态势，与发达国家的年均进步率趋势一致，而 117 个国家的年均进步率呈现逐渐减速趋势。

与典型发达国家及金砖国家的生态文明建设进展相比，中国在生态文明建设取得巨大进步的过程中，生态活力提升和环境质量改善的进展相对缓慢，在社会发展和协调程度领域则进展速度整体优于典型发达国家和金砖国家。中国森林总蓄积量、自然保护区面积比例、PM2.5 年均浓度、化肥施用强度、农药施用强度、化石能源消费比例等指标的进步率落后于典型发达国家，而使用安全卫生设施人口比重、单位 GDP 能耗、单位 GDP 二氧化碳排放量等指标进步势头强劲，优于典型发达国家和金砖国家。在社会发展领域，中国与典型发达国家和金砖国家的进步趋势一致，且各个指标的进步幅度要大于典型发达国家和金砖国家。

三　中国生态文明赶超类型特征明显

各国生态文明建设类型可以从水平、进展、综合角度进行划分。本书考察了不同经济发展水平、不同地区国家生态文明建设的水平和进展类型。结合水平和进展两个维度，划分各国生态文明建设的综合类型。

1. 世界各国的生态文明建设类型特点

将 117 个国家依据高收入国家、中高收入国家、中低收入国家、低收入国家以及发达国家、金砖国家群体进行聚类分析可以发现，生态文明建设水平同国家收入以及发达程度正相关关系明显，生态文明水平指数随着国家收入的提高呈现上升趋势，高收入国家生态文明水平指数显著高于低收入国家，社会发展水平指数、协调程度水平指数的表现亦是如此。发达国家生态文明水平指数及各项二级指标均明显高于其他国家，金砖国家除巴西外生态文明建设整体优势并不突出，且各国在不同领域均存在挑战，仍有很大改进空间。

整体来看，不同地区国家生态文明建设水平差异巨大，不同地区比较、同地区内不同国家比较，均基本遵循生态文明水平指数随国家收入提高呈上升趋势这一规律；但个别先天自然生态劣势明显的区域，如中东与北非地区，存在高收入国家生态文明水平指数较低的现象。相较之下，欧洲及中亚地区生态文明水平指数普遍较高，各项二级指标也全面领先，美洲地区次之，紧随其后的是东南亚及太平洋地区、撒哈拉以南非洲地区，中东与北非地区尽管部分国家社会发展水平尚可，但其生态文明水平指数处于垫底位置。

就进展类型来看，近年来，发达国家生态文明建设年均进步率明显高于同期其他阵营国家，高收入国家、金砖国家、中高收入国家、中低收入国家、低收入国家生态文明建设年均进步率依次递减。二级指标年均进步率数据显示，发达国家、高收入国家生态活力年均进步率指标表现更好，而金砖国家社会发展年均进步率和协调程度年均进步率指标显著领先。

分地区来看，欧洲与中亚地区生态文明建设进步率最大，撒哈拉以南非洲地区国家生态文明建设年均进步率最小，各地区内部各个国家差异明显，不同地区、国家关注点不同，生态文明建设进步率同国家发展程度关联明显，但不存在必然联系。

2. 中国生态文明建设类型属于追赶型

基于生态文明建设水平和进展快慢，可将 117 个样本国家分为领跑型、追赶型、前滞型、后滞型、中间型五种类型。领跑型国家建设水平和进展都处于优势地位；追赶型国家建设水平相对较低，进步速度领先；前滞型国家建设水平相对较高，但建设进展不显著；后滞型国家建设水平和建设进展都相对靠后，有待加强；中间型国家则在建设水平或进展的某一方面或同时处于平均值得分区间，优势相对不明显。

中国生态文明建设综合类型属于追赶型。从数据来看，同典型发达国家相比，中国生态文明建设水平仍存在较大差距，也不及金砖国家中的巴西、俄罗斯；但在年均进步率方面，中国生态文明建设年均进步率超越典型发达国家及其他金砖国家，排名第一。具体到各项二级指标，中国的生态活力水平指数得分尚可，但环境质量、社会发展、协调程度等表现较差，尤其是环境质量水平指数与所有金砖国家和典型发达国家相比排名靠后。令人欣慰的是，中国生态文明建设年均进步率表现较好，尤其是社会发展年均进步率和协调程度年均进步率，均高于其他金砖国家和典型发达国家。

四　中国生态文明建设焕发世界价值

中国生态文明建设已经迈上新台阶，生态环境保护发生了历史性、转折性、全局性变化，生态文明建设出现稳步提升的良好态势。中国已经成为世界生态文明建设的主动参与者和重要贡献者。通过国际比较可以清晰地看到，我国生态文明建设仍面临巨大的压力和严峻的形势，必须以更大的决心和勇气，继续大力推进生态文明建设。

1. 中国生态文明建设的世界意义

中国已经成为全球生态环境治理不可或缺的力量。中国的生态文明建设为世界生态环境的改善提供了强大动力。在"三北"防护林工程、退耕还林还草工程、天然林资源保护工程等重点工程的持续推进下，中国的森林生态服务功能得到大幅提升，森林碳汇、固土、滞尘、保肥、水源涵养、大气污染物吸收能力持续增长，为减缓全球气候变化、缓和全球生态系统退化作出了切切实实的贡献。

中国深化了全球可持续发展的理论与实践。以习近平总书记提出的"绿水青山就是金山银山"为核心思想的中国生态文明理念，站在人类历史发展的维度，以辩证、系统的方法论为指导，结合自身的实践探索，深刻剖析经济发展与生态环境保护的辩证统一关系。在实践中，中国创造性地将生态保护与脱贫攻坚有机结合起来，在发展中保护，在保护中发展，转变发展理念。

中国为发展中国家提供新型现代化道路借鉴。中国式现代化是人与自然和谐共生的现代化，以社会主义公有制为基础，以人民为中心，以人与自然的和谐共生为核心理念，在创造更多物质财富和精神财富满足人民群众日益增长的美好生活需要的同时，提供更多优质的生态产品以满足人民群众日益增长的良好生态环境需要。

中国为全球社会应对生态危机提供价值引领。当前，全球生态环境合作治理乏力，面临全球利益意识缺失、生态责任意识不强的理念困境。中国的生态文明建设倡导人类命运共同体理念，强调全球整体性思维，要求打破民族或国家区域边界，从生态系统的不可分割性出发，强调从人类文明发展延续的高度，相互尊重，形成共识与合力，为全球生态环境合作治理提供了价值引领。

2. 中国生态文明建设的优势所在

中国特色社会主义制度是中国生态文明建设的制度优势。社会主义制度是中国生态文明建设的根本优势，为彻底抛弃私有制，消除人的异化与自然的异化，实现人与自然、人与人之间矛盾的和解提供根本制度保障。

中国特色社会主义制度是助推生态文明建设的先进制度。中国特色社会主义生态文明制度是在实践中不断发展创新的有机体系，具有整体性、长效性优势。

中国共产党的领导是中国生态文明建设的政治优势。中国共产党是世界上首个将生态文明建设纳入行动纲领的执政党。党的十七大报告明确提出生态文明建设思想，党的十八大报告将生态文明建设纳入"五位一体"总体布局，党的十九大报告确立了美丽中国建设"三步走"中长期规划，党的二十大报告指明了中国式现代化的发展道路是人与自然和谐共生的现代化发展道路。

习近平生态文明思想是中国生态义明建设的理论优势。习近平生态文明思想是新时代中国特色社会主义的绿色政纲，是中国生态文明建设理念经过实践检验的升华。强调坚持党对生态文明建设的全面领导，坚持生态兴则文明兴，坚持人与自然和谐共生，坚持"绿水青山就是金山银山"，坚持良好生态环境是最普惠的民生福祉，坚持绿色发展是发展观的深刻革命，坚持统筹山水林田湖草沙系统治理，坚持用最严格制度最严密法治保护生态环境，坚持把建设美丽中国转化为全体人民的自觉行动，坚持共谋全球生态文明建设之路。

传承创新、兼收并蓄是中国生态文明建设的文化优势。中国生态文明理论和实践是对古今中外人类生态文化优秀成果的继承、发展和创新。中国生态文明理念继承了马克思主义生态思想，以其重要观点作为建设中国特色生态文明的理论基础。中国的生态文明理论还从源远流长的中华文明中汲取了宝贵的传统生态智慧，从西方生态学马克思主义、西方环境保护运动的理论批判中获得启迪。

以人民为中心是中国生态文明建设的价值立场优势。生态文明建设的提出和不断深化，就是为解决经济社会快速发展过程中粗放发展方式等影响人民群众生产生活的生态环境问题，是对广大人民群众扭转环境恶化、提高环境质量热切期盼的积极回应。人民是中国生态文明建设的价值归宿和目的。

3. 中国生态文明建设的战略目标

中国的生态文明建设已经提升进入世界中下游水平的行列，为进一步提升提出了更高目标和要求。

从中国生态文明建设发展阶段目标来看，第一个阶段目标是 21 世纪中叶达到世界中上游水平，第二个阶段目标是 21 世纪末达到世界上游水平。据估算，达到第一个阶段目标，中国生态文明建设的年均增长率应达到1.38% 以上。

就建设类型发展目标来看，中国应实现全面协调发展，补齐环境质量和协调程度的短板，在水平类型上转变为相对均衡型，在综合类型上先从追赶型转变为中间型，最后实现从中间型到领跑型的飞跃。以发达国家现阶段平均水平为目标值进行估算，从追赶型到中间型转变最需要弥补的短板是环境质量的改善，其次是协调程度的提升。

就具体建设领域来看，环境污染治理尤其是空气污染治理、土壤污染防治会在较长时期作为中国生态文明建设重点。另外，森林生态系统质与量的提升，需要长期坚持。

4. 中国生态文明建设的政策建议

国际比较显示，生态文明建设是一个复杂的系统工程，呈现多种特点和面向，需要谨慎对待相关评价结果，应避免走入四类误区。

理念误区一：生态文明水平会随经济发展水平的提升而自动提升。这种观点看到了发达国家生态文明建设水平与经济发展水平的正相关关系，但忽略了生态文明建设水平必须经过经济、社会发展模式的主动调整才能真正提升的事实。

理念误区二：生态文明水平提升与经济社会发展相互对立。这种观点看到了部分国家生态文明建设过程中生态环境压力增大的现象，忽略了这种情况作为阶段性特征的实质，也忽视了生态文明建设转变经济社会发展模式的本质。

理念误区三：生态活力强就是生态文明水平高。这种观点肯定了维护和提升生态系统的完整性、稳定性和丰富性在生态文明建设中的基础性地位，但忽略了生态文明是生态与文明并重的人类文明发展道路，忽视了推进社会发展的重要性。

理念误区四：抓环境质量就是生态文明建设。这种观点认识到生态文明建设水平领先国家在环境质量上的卓越表现，但走向了将环境保护和建设等同于生态文明的以偏概全误区，忽略了环境与生态的差异，忽略了生态文明建设的全貌。

未来一个时期是中国生态文明建设攻坚克难的关键时期，同时也是中国整体发展的重要战略机遇期。随着生态文明建设力度不断加大，抓绿色发展的机遇，推动经济社会可持续发展已成为中国的必由之路。要利用好这个机遇，乘势而上，实现美丽中国梦，应注意把握好两个面向和两个坚持。

着眼当下，面向未来。现阶段，中国的生态文明建设面临双重挑战。一方面需要弥补传统发展方式遗留的生态、环境欠账，另一方面需要应对发展转型升级过程中仍继续增大的生态、环境、资源压力。中国的生态文明建设需要科学、细致的中长期规划，在规划中明确目标、确立标准，将解决当前问题与未来发展相结合。

立足国情，面向世界。中国不能走发达国家先污染后治理再转型的老路，也不能直接照搬当前发达国家的绿色发展道路。中国要走兼顾社会效益尺度和生态效益尺度的生态文明建设道路，以人为本，生产、生活、生态协调发展。同时，加强国际合作与交流，搭建经验交流与探索的平台，加强生态文明建设的国际话语权，以生态文明建设推动人类命运共同体的构建。

坚持以绿色经济发展为基本路径。绿色经济是发展模式转型的重中之重。发展绿色经济要求生产方式、生活方式和社会经济生活的其他方面，以生态、环境、资源为先决条件和基础要素，将生态优先、环境友好的理念贯穿于经济活动的全过程。强化推动以市场为导向的绿色科技创新体系建设，推动绿色新兴战略性产业发展，完善相应法律保障体系、激励机制。

坚持多方参与的建设机制。生态文明建设是全社会的事业，必须依靠全社会的力量推进。构筑以政府为主导，以企业为主体，社会组织与公众参与的生态文明建设治理体系，要转变政府职能，增强企业责任意识，健全制度保障体系，提升公众生态文明意识。

　　推进中国的生态文明建设，还应加强区域合作共建，与其他国家构建区域共同体，加强生态环境、生物多样性保护和应对气候变化合作。积极提升中国生态文明建设国际话语权，传递中国声音，讲好中国故事。增进经验交流合作，一方面，借鉴其他国家生态环境治理方面的先进技术、经济政策、法律法规、公众参与等经验；另一方面，分享中国生态文明建设的宝贵经验，共同探索全球生态环境治理的多元道路。主动承担与自身国情、发展阶段、实际能力相符的国际责任，展现中国的全球责任担当。

　　需要说明的是，受限于数据的相对滞后性、样本的有限性和部分数据缺失，本书相关评价结果尚难以反映全貌，参考意义有一定局限。加之数据量较大，任务烦琐，错漏在所难免，恳请读者批评指正。

第一章
理论与实践背景

　　生态文明建设是实现人与自然和谐共存的必由之路。生态文明思想是人类文明智慧成果的升华，生态文明建设是探索走出以往误区的勇敢尝试。从马克思、恩格斯对人与自然关系的反思，到西方环境保护运动的兴起，以及生态学马克思主义的发展，协调人与自然关系的思考由涓涓细流汇聚成河。中国共产党人承接经典马克思主义的生态思想，吸收西方生态、环境保护理论和实践的成果，借鉴生态学马克思主义的现实批判，立足本国国情，提出并丰富生态文明思想，为人类社会发展进一步指明了方向。新时代的生态文明思想放眼全球，倡导建立全球生态命运共同体。全球生态文明建设比较研究就是在这一理论与实践互动背景下展开的。

第一节　思想背景

　　马克思、恩格斯对人与自然关系的论述和探讨是生态文明思想的理论源头，他们敏锐地观察到资本主义生产方式带来的生态环境问题，并进行了深刻的批判。西方资本主义社会不断加速的工业化造成生态危机蔓延。社会思潮的涌动促成环境保护运动兴起，可持续发展思想逐渐成为全球共识。生态学马克思主义则在批判中试图寻找突破资本主义制度框架的绿色发展道路。

一 马克思和恩格斯理论中的生态思想

马克思、恩格斯站在透视人类与自然关系历史演变的宏观高度，回溯过往，批判当下，展望未来，为社会主义生态文明及其建设思想的提出奠定了基础。马克思和恩格斯确立了自然具有先在性、人应遵循自然规律进行改造活动的生态自然观，展开了对资本主义生产方式导致的人与自然之间物质变换断裂的生态批判，提出了共产主义社会人与自然最终达到和解的智慧构想。

1. 以史为鉴：实践必须尊重自然规律

人与自然的关系是经典马克思主义生态思想的核心议题。马克思、恩格斯通过回溯历史，精辟地指出人类不尊重自然规律、肆意取用和支配自然所导致的严重后果。马克思曾反思："耕作——如果自发地进行，而不是有意识地加以控制……会导致土地荒芜，像波斯、美索不达米亚等地以及希腊那样。"① 恩格斯在《自然辩证法》中也对历史上一些错误做法进行了批判，如美索不达米亚、希腊、小亚细亚以及其他各地的居民毁林开荒，导致水源枯竭；阿尔卑斯山南坡的意大利人将森林砍伐殆尽，致使高山畜牧业的根基被摧毁，以及森林水土的涵养功能被严重破坏②。恩格斯强调，人类无法轻易掌握与运用自然规律，人类更不可以无视和践踏自然规律。人类如果只为提高生产力而大肆破坏生态环境，不服从自然规律而盲目活动，其后果就是面临自然的报复和惩罚。

马克思和恩格斯都强调，人的实践活动应遵循自然优位原则。自然优于人而先在的地位决定了其对人类实践活动的制约。他们反思和批判西方近代以来人与自然二元对立的观点。马克思在《1844 年经济学哲学手稿》中指出，人与自然之间是以"人类实践"为基础的相互制约、相互影响的辩证统一关系③。具体来说，一方面，"自然界，就它自身不是人的身体而

---

① 〔德〕马克思、恩格斯：《马克思恩格斯文集》第 10 卷，人民出版社，2009，第 286 页。
② 〔德〕马克思、恩格斯：《马克思恩格斯文集》第 9 卷，人民出版社，2009，第 559~560 页。
③ 〔德〕马克思、恩格斯：《马克思恩格斯文集》第 1 卷，人民出版社，2009，第 209 页。

言，是人的无机的身体。人靠自然界生活"①。自然先于人而存在，是人类生存发展的物质前提，人类是自然界发展到一定阶段的产物。另一方面，自然又是人类实践活动的对象，人类与自然通过实践相联结。人类通过自由自觉的感性实践活动，以尊重自然规律为前提，根据自己的主观需要能动地改造自然界，调整与自然的物质变换关系，而自然又以其"本能反应"回馈作用于人。伴随着人类实践，人类在改造自然的道路上使自然越发人化而呈现社会历史性特征，人类与自然的关系也在演进发展中形成了自在自然与人化自然的统一。自然成为工业和社会发展的产物，而历史也成为人自身实践活动的产物，它展现着人和自然、人和人之间关系不断变化和互动的过程。由此，在人类实践的基础上，自然和历史也实现了统一。

马克思将整个人类历史上的社会形态，按生产力水平高低依次划分为"人的依赖关系"阶段、"以物的依赖性为基础的人的独立性"阶段及人全面发展基础上的自由个性阶段②。在第一种社会形态下，生产力水平极其低下，人类活动也仅限于狭小的范围，人对自然几乎是被动适应。"自然界起初是作为一种完全异己的、有无限威力的和不可制服的力量与人们对立的，人们同自然界的关系完全像动物同自然界的关系一样，人们就像牲畜一样慑服于自然界。"③当生产力水平提高之后，进入第二阶段，即现代社会阶段，工业革命、科技革命的发展极大增强了人类改造自然的能力，人的主体能动性高度膨胀，自然界被人们当作"奴役""压榨"的对象。马克思和恩格斯认为，资本主义制度下的生产方式造成了人与自然关系的异化。这种生产方式在资本逻辑的主导下以追逐利润为唯一目的，不顾自然承载力，盲目地使用科学技术进行大生产，破坏了自在自然与人化自然，也使得人与自然的物质变换关系发生了断裂。

2. 批判当下：人与自然物质变换关系的断裂

马克思借鉴化学家李比希的理论，提出人与自然的物质变换观点。人类要生存发展离不开自然界，需要借助生产工具，以劳动实践为中介作用

① 〔德〕马克思、恩格斯：《马克思恩格斯文集》第1卷，人民出版社，2009，第161页。
② 〔德〕马克思、恩格斯：《马克思恩格斯文集》第8卷，人民出版社，2009，第52页。
③ 〔德〕马克思、恩格斯：《马克思恩格斯文集》第1卷，人民出版社，2009，第534页。

于自然界，从自然界获取生存所必要的生产生活资料来满足人类的日常需要。另外，人类在获取生活资料维持自身发展的同时，又将生产和生活消费活动所产生的各种"废弃物"经过"加工、改造"，返还给自然，以维持自然的物质循环及演进发展的需要。这一互动过程在索取与归还之间保持着平衡。尽管不同社会形态会表现出不同的特征，但人与自然之间的这种物质变换是永恒的、必然的，劳动不仅是引起人与自然之间物质变换的中介，更是"调控"人和自然之间物质变换的中介。

马克思指出，工业社会中人和自然之间物质变换发生了断裂，导致生态环境失衡问题，其根源在于资本主义制度下人类不合理的物质生产实践活动。"资本主义生产使它汇集在各大中心的城市人口越来越占优势，这样一来，它一方面聚集着社会的历史动力，另一方面又破坏着人和土地之间的物质变换，也就是使人以衣食形式消费掉的土地的组成部分不能回归土地，从而破坏土地持久肥力的永恒的自然条件。"① 在资本主义生产方式下，由于私有制和城乡分离的加剧，人们从土壤中索取的养分日益增多，却不能将废弃物返还给土地，导致了土壤肥力的下降，最终导致了人和自然之间物质交换的平衡被打破。

进一步，马克思明确阐述了资本主义生产方式所具有的生态破坏性，"大工业和按工业方式经营的大农业共同发生作用。如果说它们原来的区别在于，前者更多地滥用和破坏劳动力，即人类的自然力，而后者更直接地滥用和破坏土地的自然力。那么，在以后的发展进程中，二者会携手并进……。"② 对于这种不合理的物质生产活动的原因，马克思归结于资本主义生产方式所追求的利益最大化逻辑对自然的过度干预。资本的目的是逐利，为保障利益必然会出现扩大再生产对自然资源的无限取用。

3. 展望未来：共产主义与生态文明的一致性

马克思和恩格斯一致认为，要使人与自然的物质变换关系得到合理调节、人与自然的对立关系得到最终解决，就要对资本主义制度进行彻底变革。恩格斯指出，"为此需要对我们的直到目前为止的生产方式，以及同

---

① 〔德〕马克思、恩格斯：《马克思恩格斯文集》第 5 卷，人民出版社，2009，第 579 页。
② 〔德〕马克思、恩格斯：《马克思恩格斯文集》第 7 卷，人民出版社，2009，第 919 页。

这种生产方式一起对我们的现今的整个社会制度实行完全的变革"①。只有变革资本主义生产方式、推翻资本主义制度，才能从根本上解决劳动异化问题，将劳动者从被剥削与被压迫中解放出来，以便在新的制度形态下按需生产，并合理使用科学技术进行循环再利用，恢复物质变换之间的平衡，实现人与自然、人与人关系的最终和解。马克思将这一目标称为共产主义社会人类同自然的和解以及人类本身的和解。

马克思强调，生产者联合起来的共产主义未来社会是合理地调节人与自然之间物质变换的社会前提。在这个崭新的合理的社会里，"社会化的人，联合起来的生产者，将合理地调节他们和自然之间的物质变换，把它置于他们的共同控制之下，而不让它作为一种盲目的力量来统治自己；靠消耗最小的力量，在最无愧于和最适合于他们的人类本性的条件下来进行这种物质变换"②。在这种社会形态下，人与自然水乳交融、和谐共生。生产劳动不再是个人谋生的手段而是人的本质力量的展开，是沟通人与自然的物质交换更加合理化的桥梁。人类一方面自觉尊重自然规律，通过改造自然获取生活资料；另一方面，将消费中产生的废料加工、处理后，以最小的危害、最大的价值返还给大自然，使自然的物质循环正常运转，人与自然之间的物质变换得到平衡。更进一步，马克思将共产主义社会看作自然主义与人道主义的统一，是人与自然矛盾的全部解决。"这种共产主义，作为完成了的自然主义，等于人道主义，而作为完成了的人道主义，等于自然主义，它是人和自然界之间、人和人之间的矛盾的真正解决……。"③

共产主义即马克思所论及的，人全面发展基础上的自由个性阶段。共产主义的最终目标是实现人自由全面的发展，而生态文明建设为人的全面自由发展提供了必要条件。生态文明一方面强调自然的内在价值、凸显自然的整体性；另一方面也倡导世界公民的理念，将自然存在与人类活动发展视为一个整体，追求人类整体利益的实现，使人类更加科学合理地看待

---

① 〔德〕马克思、恩格斯：《马克思恩格斯文集》第 9 卷，人民出版社，2009，第 561 页。
② 〔德〕马克思、恩格斯：《马克思恩格斯文集》第 7 卷，人民出版社，2009，第 928 ~ 929 页。
③ 〔德〕马克思、恩格斯：《马克思恩格斯文集》第 1 卷，人民出版社，2009，第 185 页。

自己的需求，改变物质主义的价值观，确立对自然的尊重态度，力图实现人与自然、社会的和谐共生。这符合人自由全面发展的需要。因此，生态文明不但体现了人与自然的和谐，更与共产主义社会实现人全面发展的最终目标一致；并且能够促进社会物质财富极大丰富条件下按需分配的实现，与共产主义的内在要求相一致。因此，共产主义与生态文明是一致的，共产主义社会是生态文明的最终归宿。

二 西方生态环境保护思想的觉醒和发展

19 世纪后期，以亨利·梭罗（Henry D. Thoreau）和约翰·缪尔（John Muir）为代表的自然主义和环境保护主义先驱向世人发出呼吁：应超越仅仅将自然视为人可任意取用的经济财富的狭隘观点，重塑人与自然的关系。20 世纪中叶前后，西方国家频繁爆发的环境公害事件激发了广大公众环境保护意识的觉醒。此后，世界范围内从生态、环境和资源角度对人类发展道路的反思逐步形成潮流。强调尊重自然，强调生态系统整体性的哲学思考，走可持续发展道路形成国际共识，生态现代化的路径探讨为生态文明建设提供了可借鉴的思想资源。

1. 生态整体论哲学思想的兴起

哲学是时代精神的精华。在人类面临生态环境问题的严峻挑战背景下，生态哲学承担着对人和自然关系重新反思的重任。生态科学、环境科学的发展，为新的世界观产生提供了科学认识支撑。1866 年，德国生物学家恩斯特·海克尔（Ernst Haeckel）提出了生态学这一概念，即研究（任何一种）有机体彼此之间以及与其他整体环境之间相互影响的学问。现代生态学强调生态共同体的概念，"生态共同体的每一部分、每一小生境都与周围生态系统处于动态联系之中"[1]。这意味着，人、社会和自然应被视为一个有机整体。"人类既栖身于文化共同体中，也栖身于自然共同体中，因此，伦理学的一个未完成的主要议题，就是我们对大自然的责任。"[2]

---

[1] 〔美〕卡洛琳·麦茜特：《自然之死》，吴国盛译，吉林人民出版社，1999，第 110 页。

[2] 〔美〕霍尔姆斯·罗尔斯顿：《环境伦理学》，杨通进译，中国社会科学出版社，2000，第 2 页。

强调生态系统有机联系的整体论世界观，是对传统机械论自然观的超越。后者受笛卡儿哲学和牛顿物理学的深刻影响，将世界理解为心—物、主—客、人—自然二元对立模式，强调人是独立于自然之外的主体，自然是被主体认识和改造的客体，自然独立于人，否认人与自然之间的相互联结关系。机械论自然观还将自然视为一个机械装置，没有生命和精神，也没有内在价值，认为应该将其还原为组成部分来把握。整体论世界观则强调，整体性是生态系统最重要的特征，社会与自然并不彼此孤立，而是对立统一的辩证关系，主体和客体之间没有绝对的界限；自然是有生命的有机整体，需要从整体上把握和认识；自然有自己的价值。

1949 年，美国生态学家利奥波德（Aldo Leopold）的遗作《沙乡年鉴》出版，书中首次阐述了将生态系统理解为共同体的大地伦理思想。他认为，伦理观念最初协调的是人与人之间的关系，后来发展到个人与社会之间的关系，而且应该将人与土地、人与土地上生长的动植物之间的关系也纳入进来，将伦理共同体的范围拓宽。"土地伦理是要把人类在共同体中以征服者的面目出现的角色，变成这个共同体中的平等的一员和公民。它暗含着对每个成员的尊敬，也包括对这个共同体本身的尊敬。"①

利奥波德的大地伦理思想为环境哲学家克里考特（J. Baird Callicott）所继承、辩护和发展，也对霍尔姆斯·罗尔斯顿（Holmes Rolston）等哲学家的环境伦理学思想产生了直接影响。罗尔斯顿论证了自然的多重价值，激发人们从新的角度思考人类对自然应有的态度和责任。

2. 可持续发展渐成共识

自工业革命以来，人类就确立了一种以科学技术的发达和 GDP 增长为依据的发展观念。这种传统发展观存在以下两方面的误区。一方面，片面强调经济运行、人口增长，忽视了自然生态系统承载力、自我调节能力和恢复能力，造成了严重的生态平衡压力。另一方面，片面将发展与经济增长和生产效率挂钩，似乎有了经济增长、有了生产效率就有了一切。这不仅造成生态严重失衡和资源短缺，而且导致人类社会文化受到忽略、发展

---

① 〔美〕奥尔多·利奥波德：《沙乡年鉴》，侯文蕙译，吉林人民出版社，1997，第 194 页。

畸形。

从 20 世纪 60 年代开始，在人与自然冲突加剧的背景下，人们越发认识到传统发展观的局限性——导致人类文明进步甚至生存都不可延续。1966 年，肯尼思·鲍尔丁（Kenneth E. Boulding）提出宇宙飞船的地球经济学概念，强调地球的拥挤、狭小和资源的有限性，呼吁人们抛弃传统的大量生产、大量消费和大量废弃的"牛仔"经济增长模式，建立起经济发展的封闭循环系统①。这一概念成为循环经济理念的基础。1972 年，罗马俱乐部发布《增长的极限》，阐述了传统生产生活方式的不可持续性，引发巨大争议。为探讨人类文明延续的发展道路，同年 6 月，在瑞典斯德哥尔摩召开了第一次联合国人类环境会议，各国共同发表《人类环境宣言》《人类环境行动计划》，开启了世界范围内协同治理生态环境的道路。

1987 年，联合国世界环境与发展委员会发布《我们共同的未来》，正式提出"可持续发展"的概念。可持续发展被定义为："既能满足当代人的需要，又不对后代人满足需要的能力构成危害的发展。"从可持续发展理论出发，发展不等同于经济增长，不是简单的物质财富记录，而是一个人类文明在尽可能多的方面多元多层次进步过程，是人类社会体系和生态环境的全面发展，也是人类共同和普遍的权利。

可持续发展理念逐渐成为全球共识。在 1992 年巴西里约热内卢召开的联合国环境与发展大会上，通过了《里约环境与发展宣言》《21 世纪议程》等以可持续发展理念为核心的纲领文件。2002 年南非约翰内斯堡举行可持续发展世界首脑会议，通过了《可持续发展问题世界首脑会议执行计划》《约翰内斯堡宣言》，进一步明确了可持续发展的三大支柱：环境保护、经济发展和社会进步。这表明共识已经形成：可持续发展是全世界的共同目标，人类呼唤新的发展道路，社会进步、经济发展必须与生态环境保护协调并进，各国应肩负起共同又有区别的责任。

---

① 肯尼思·E. 鲍尔丁：《即将到来的宇宙飞船地球经济学》，载赫尔曼·E. 戴利、肯尼思·N. 汤森编《珍惜地球——经济学、生态学、伦理学》，马杰、钟斌、朱又红译，商务印书馆，2001，第 334~347 页。

3. 生态现代化理论探索

一般认为，生态现代化是 20 世纪 80 年代德国学者胡伯（Joseph Huber）首先提出的一种环境社会学理论①。西方生态现代化理论的代表人物还有荷兰学者摩尔（Author P. J. Mol）、美国学者索南菲尔德（David A. Sonnenfeld）等。生态现代化对生态环境问题的解决持乐观积极的态度，认为可以通过协调生态与经济的关系来改变工业化导致的问题，倡导一种超工业化（superindustrialisation）的进路，反对去工业化。

作为一个新兴的理论流派，生态现代化学者的关注点各有区别。摩尔和索南菲尔德认为，从强调社会和制度转型出发，生态现代化理论研究可以有不同的侧重点。①科学和技术角色的转变。相关研究不是延续对科学技术作为环境问题成因的批判，而是寻求科技治理和保护生态环境的现实途径。②增强市场机制和经济主体重要性的论证和考察，将其作为生态重构和改革的主体，而不是像其他环境相关社会理论将目光更多放在国家机构或社会运动上。③对单一民族国家在环境治理改革中角色转变的考察。生态现代化同时也是政治现代化的过程，是自上而下的、国家控制的环境监管等方式与去中心化的治理方式并存的过程。④对越来越多参与环境改革的社会运动的地位、作用和意识形态的考察。⑤话语实践的转变和新的意识形态，抛弃那种将环境与经济对立起来的立场②。

生态现代化理论的特点是强调经济增长与环境改善同步的可行性，强调科学技术创新、社会结构调整、经济机制转变对生态现代化的推动，为探讨人与自然关系提供了新的路径。但批评者认为，生态现代化理论存在诸多问题。相关理论是在西方发达国家中产生的，特别是其学者群体的背景多以西欧、北欧国家为主，其理论的现实基础有相当的局限性，缺少社会不平等分析是其重要缺陷。将理论应用于实践中时会面临一些问题：一方面，国家的角色被弱化和过于正面化；另一方面，公众有差别的环境利益没有加以细致区分和探讨。追根究底，过于强调市场作为环境问题解决

---

① 洪大用、马国栋：《生态现代化与文明转型》，中国人民大学出版社，2014。

② Author P. J. Mol, David A. Sonnenfeld. "Ecological Modernization around the World: An Introduction". *Environmental Politics*. 2000, 9（1）: 3–16.

主体角色的理论带有明显的新自由主义色彩，其所倡导的社会变革是在资本主义框架内进行的修修补补，并没有要求实现社会的根本性转变。而在全球层面上，发达国家的生态现代化实践呈现经济发展的环境友好局面，实际上是以广大发展中国家的生态、环境利益受损为代价的。这些都从正反两面给生态文明理论的发展提供了理论养分和实践参考。

三　西方生态学马克思主义的批判理论

与西方环境保护的主流理论、生态现代化理论等仍在资本主义基本框架下寻求生态危机出路不同，生态学马克思主义以批判资本主义制度和生产方式为出发点和核心点，要求从根本上改变社会结构和制度。生态学马克思主义是 20 世纪 60～70 年代在西方国家出现的，运用生态学理论分析生态危机的西方马克思主义思潮，主要代表人物有詹姆斯·奥康纳（James O'Connor）、约翰·贝拉米·福斯特（John Bellamy Foster）、威廉·莱斯（William Leiss）、本·阿格尔（Ben Agger）、安德烈·高兹（Andre Gorz）、戴维·佩珀（David Pepper）等人。

生态学马克思主义学派从制度层面、价值观层面和技术层面对资本主义展开理论批判。相关学者认为，资本主义社会下资本对利润最大化的无限追求，造成了劳动异化、消费异化、科学技术的非理性使用以及人与人、人与自然之间关系的异化，并最终导致生态危机；强调必须通过社会制度变革，建立一个生态化的社会，才能从根本上解决生态危机。

1. 对资本主义社会的制度批判

生态学马克思主义认为，生态问题根本上归结于资本主义制度问题。以社会化的机器大生产为物质条件、以生产资料归资本家私有为基本特征的经济制度，导致人与人之间的不平等关系，以及人与自然之间关系的异化。"资本主义的主要特征是，它是一个自我扩张的价值体系，经济剩余价值的积累由于植根于掠夺性的开发和竞争性法则赋予的力量，必然要在越来越大的规模上进行"[①]，最终导致全球性生态危机的发生。

① 约翰·贝拉米·福斯特：《生态危机与资本主义》，耿建新、宋兴无译，上海译文出版社，2006，第 29 页。

奥康纳分析了资本主义的双重矛盾与生态危机的内在关联。第一重矛盾即生产力和生产关系之间的矛盾。在资本主义社会具体呈现为有效需求不足导致生产过剩的经济危机。第二重矛盾则是资本主义的生产力、生产关系与生产条件之间的矛盾。资本主义以追求无限增长为经济发展目标的自我扩张体系，与有限的生态系统之间存在不可调和的矛盾。第一重矛盾和第二重矛盾引发了双重危机：经济危机和生态危机。双重危机一方面表现为资本主义国家内部城乡发展不平衡，城市人口拥挤、生存环境恶化，人和动物的排泄物不能及时返回乡村农业生产，致使农村土壤肥力破坏，人与自然的物质交换发生断裂[①]。另一方面，由于不平等交易，发达国家获取了后发国家的廉价自然资源，降低了资本积累的成本，提高了资本积累、资源开采的速度；污染工业向不发达地区转移的同时，也造成环境恶化转移，最终导致全球性生态危机。

高兹认为，资本主义生产方式的生态破坏性是由于其服务于追求利润最大化的资本逻辑，遵循以"计算性原则"和"还原性原则"为核心内容的经济理性逻辑，并奉行"越多越好"的价值观[②]。一方面，"计算性原则"促使资本家极为关注成本和收益，导致对近乎零成本的自然环境的掠夺和破坏[③]。另一方面，"还原性原则"则使自然被剥夺了所有经验特征，仅被以工具理性看作对人类有用的自然资源。自然的经验根源被遗忘，人们有经验的现实被抽象的数学模型所取代，导致了生活世界的各种异化。高兹主张，让遵循"够了就好"为价值原则的生态理性主导社会，超越经济理性的一维价值思考，在社会主义制度下建构经济理性与生态理性真正统一的生态文明社会。

2. 对资本主义社会的价值观批判

生态学马克思主义指出，资本主义的价值观是消费主义的。这种价值观鼓励人们把消费放在生活的主导地位，将消费看作个人获得幸福的途径

---

① 奥康纳：《自然的理由：生态学马克思主义研究》，唐正东等译，南京大学出版社，2003，第311页。

② Gorz, A, *Critique of Economic Reason*, London, 1989, p.113.

③ Gorz, A, *Critique of Economic Reason*, London, 1989, p.116.

和目标。消费主义通过对商品赋予超越使用价值的幸福内涵，促使人们在异化消费基础上的消费活动中寻求快乐，从而加大对自然的占有和剥削。

如本·阿格尔所言："历史的变化已使原本马克思主义关于只属于工业资本主义生产领域的危机理论失去效用，今天，危机的趋势已经转移到消费领域，即生态危机取代了经济危机。"① 在资本主义进入垄断发展阶段以后，异化消费成为人们最主要的生活方式。所谓异化消费则是指，"人们为补偿自己那种单调乏味的、非创造性的且常常是报酬不足的劳动而致力于获得商品的一种现象"②。资本主义生产过程对劳动的异化，使得人们在本是人的本质的创造性劳动中无快乐可言，为逃避异化劳动的痛苦，人们期望通过依附于消费活动，在劳动之外的闲暇时光中获得虚假的快乐以报复性地补偿在异化劳动中的失落与无创造感。这种消费异化了的生活方式对生态危机同样具有不可推卸的责任。

资本主义扩大再生产以实现利润最大化为目标，需要依靠人们的无限消费来支撑。广告等通过大众传媒在全社会范围内大力宣扬消费主义价值观和生活方式，控制意识形态机构，创造虚假需要，把人的内心向度引向消费领域。虚假需要是一种想要不断占有并且永远无法被满足的主观非理性欲望。人们消费的不仅是商品的使用价值，而且是它的"符号"价值。当消费成为人们获得满足和幸福的单一衡量标准时，就会强化人们对物质的支配和占有观念，进而推动高消耗、大规模生产、大量浪费生产方式的扩张，从而导致生产规模扩大与生态系统的有限性冲突加剧。

阿格尔提出，在重新审视资本主义制度和自己消费期望的过程中，无产阶级可以自发调整自己的消费需求和不正义的消费主义价值观。重新理清虚假需要与本真需要，重新感悟消费与幸福的关系，重建马克思的革命性需求理论，以树立正确的价值观。同时，生态学马克思主义还在对生态中心主义以及狭隘的人类中心主义进行批判的基础上，对人类中心主义价值观作出了新的解释，倡导近代人类中心主义价值观。

---

① 本·阿格尔：《西方马克思主义概论》，慎之中译，中国人民大学出版社，1991，第486页。
② 本·阿格尔：《西方马克思主义概论》，慎之中译，中国人民大学出版社，1991，第494页。

3. 对资本主义社会的技术批判

在资本主义制度和生产方式的支配下，科学技术已经被"意识形态化"，资本的逐利需要决定了技术在资本主义制度下的非理性运用，从而导致了生态危机。如同福斯特所主张的，在资本主义制度下，"将可持续发展仅局限于我们是否能在现有生产框架内开发出更高效的技术是毫无意义的……能解决问题的不是技术，而是社会经济制度本身"①。由于技术的运用必须服从于"资本的逻辑"，即追逐利润最大化和自身增殖的资本的本性，这决定了自然不过是被看作获取利润的工具性手段，使得资本主义生产遵循生态原则是不可能的②。因而技术出现革新、进步往往意味着更大规模、更迅速地对自然资源进行掠夺性开采。技术不仅降低了能耗和成本、提高了原材料利用效率，而且增加了自然资源消耗总量。

高兹认为，在资本主义制度下，技术是服务于资本主义生产目的的。而资本主义生产过程中总是选择那些有利于资本主义再生产的具有高度集中、管理高度集权特点的技术，如核技术以高度集权为特点，导致决策权集中在少数人手中，加剧了资产阶级对自然和人的统治，也加快了资本对自然的进一步剥削和消耗。

总体而言，生态学马克思主义认为，科学技术本身不是导致生态危机的"原罪"，是科学技术在资本主义价值观的主导下被异化使用，才与生态危机发生了内在关联。威廉·莱斯通过考察"控制自然"观念的历史演变，认为控制自然的观念是使科学技术被异化使用的价值观之一。因为它工具价值性地看待自然，导致了人们将自然看作任意征服、毫无灵性的客体，而缺乏敬畏之心。莱斯认为"控制自然"与控制人之间具有内在关联。"在由'征服'自然的观念培养起来的虚妄的希望中隐藏着现时代最致命的历史动力之一：控制自然和控制人之间的不可分割的联系。"③ 于是在"控制自然"的价值观之下，科学技术进步和运用不是为人们谋福利，

---

① 约翰·贝拉米·福斯特：《生态危机与资本主义》，耿建新、宋兴无译，上海译文出版社，2006，第95页。

② 奥康纳：《自然的理由——生态学马克思主义研究》，唐正东等译，南京大学出版社，2003，第326页。

③ 威廉·莱斯：《自然的控制》第2版，岳长龄、李建华译，重庆出版社，2007，第6页。

而是资本控制自然和人的工具，也就最终导致了人与自然的异化，引发生态危机。

在生态学马克思主义看来，解决科学技术的非理性运用问题需要变更不合理的社会制度和生产方式，需要在社会主义制度下建立人与自然之间新的技术伦理关系，来抵制科学技术的异化使用问题。这种新的伦理关系强调，在自由自觉的活动基础上，将人的需求本真化，使人自觉服从自然规律而能动地改造自然，改变人与技术之间的异化关系，最终实现人与自然的双重解放。

四 传统中国文化中的生态智慧

生态文明及其建设的理论和实践得益于源远流长的中华传统生态文化。2013 年 5 月 25 日，习近平在中共中央政治局第六次集体学习时指出："我们中华文明传承五千多年，积淀了丰富的生态智慧。'天人合一'、'道法自然'的哲理思想，'劝君莫打三春鸟，儿在巢中望母归'的经典诗句，'一粥一饭，当思来处不易；半丝半缕，恒念物力维艰'的治家格言，这些质朴睿智的自然观，至今仍给人以深刻警示和启迪。"[1] 在 2018 年 5 月 18～19 日召开的全国生态环境保护大会上，习近平再次指出，"中华民族向来尊重自然、热爱自然，绵延 5000 多年的中华文明孕育着丰富的生态文化"[2]。

1. 整体生态自然观

人与自然的关系是中国哲学的基本问题[3]。在漫长的农耕文化演进过程中，农业生产实践为天人关系的深入发展提供了丰厚的土壤。古代贤哲将人与自然视为一个整体，提出了具有丰富内涵的观点。例如，强调天时地利人和的"三才论"，在《吕氏春秋·审时》中就有了完整的表述：

---

① 中共中央文献研究室编《习近平关于社会主义生态文明建设论述摘编》，中央文献出版社，2017，第 6 页。

② 习近平：《论坚持人与自然和谐共生》，中央文献出版社，2022，第 1 页。

③ 蒙培元：《中国的天人合一哲学与可持续发展》，载杨通进、高予远编《现代文明的生态转向》，重庆出版社，2007，第 292 页。

"夫稼,为之者人也,生之者地也,养之者天也。"①西汉董仲舒在《春秋繁露·立元神》中也写道:"天、地、人,万物之本也。天生之,地养之,人成之……三者相为手足,合以成体,不可一无也。"②这种思想强调了人与自然并非对立,而是相互统一的关系,不是将自然简单地视为人利用、改造的客体,而是看到了人的生存延续从根本上是依赖自然的。

中国古代哲学的核心内容之一是"天人合一"③。不论是儒家还是道家,都将人与自然视为不可分割的整体。孟子有言,"万物皆备于我",庄子称"天地与我并生,而万物与我为一"。这些论述已经蕴含着万物皆为整体的思想。张载提出"民胞物与"的思想,"民胞"是从人与人关系的角度强调,天下之人都如同我的手足、弟兄;"物与"则是从人与物的层面,强调天下之物无不是我的同类。不论是他人还是他物,都共处于一个整体当中,是这个整体中彼此不可分割的部分,相互作用,共同参与自然的生成和发展。

"万物一体"理念传递了一种强烈的整体生态意识。杜维明指出,中国传统自然观将整个世界视为一个生生不息的有机体,其特点即是连续性、完整性和动态性④。这与近代西方将自然视为无生命的机械自然观形成鲜明对比。宋明儒学有言:"仁者以天地万物为一体","若夫至仁,则天地为一身,而天地之间,品物万形为四肢百体。夫人岂有视四肢百体而不爱者哉?"⑤宋明儒学将孔子提出的仁学思想推升至新的层面,指出与万物为一体的是仁者的最高境界。人与万物一体同源,仁者对天地万物的仁爱,又是由己而推的,将万物视为"四肢百体",从中领悟其与人生命的紧密联系。

2. 和谐生态伦理观

中国传统生态智慧强调人与自然和谐发展的观念,其特点是以人为

---

① 《吕氏春秋译注》,张双棣等译注,北京大学出版社,2000,第911页。

② 《董子春秋繁露译注》,阎丽译注,黑龙江人民出版社,2002,第95页。

③ 中国古代哲学中"天人合一"有诸多内涵,此处仅从人与自然的角度展开讨论,将天的含义理解为自然。

④ 〔美〕杜维明著《存有的连续性:中国人的自然观》,刘诺亚译,载杨通进、高予远编《现代文明的生态转向》,重庆出版社,2007,第314~327页。

⑤ (宋)程颢、程颐:《二程遗书》,潘富恩导读,上海古籍出版社,2000,第65页、第126页。

本，尊重自然，顺应自然。中国哲学的以人为本与西方传统人类中心主义是有区别的。西方传统人类中心主义强调人与自然的分离与对立，以主—客二分思维模式为基础，将人的利益视为对一切事物衡量的标准。中国哲学的以人为本，是承认人有高于其他物的价值，"人有气、有生、有知亦有义，故最为天下贵也"[1]，但并未从中引申出人是自然的主宰，可以任意支配、统治自然，而是将人与物价值的高下之别视为自然的本来面貌。老子有言："故道大，天大，地大，人亦大。域中有四大，而人居其一焉。"[2] 万物一体，不以任何事物为中心，但亦不贬低人的地位。

尊重自然、顺应自然并不意味着完全的消极无为。在人与天、地所构成的体系中，天、地、人各司其职。天地化育万物，人则顺应天时，遵循自然规律，在实践中发挥主观能动性。北魏贾思勰的《齐民要术》中有言："顺天时，量地利，则用力少而成功多。任情反道，劳而无获。"[3] 顺天时就是要求农业生产应按照节令、气候变化展开，抓住农时；量地利就是因地制宜，充分利用田地的特性，营造农作物适宜生长的条件。如果不顺时应地，就会导致颗粒无收。农业生产不仅要遵循自然规律，还要人积极主动参与农业生态系统的调控和管理。"……上因天时，下尽地利，中用人力，是以群生遂长，五谷蕃殖。"[4]

传统的和谐生态伦理观将人之外的动物、植物乃至山川河流等纳入人的道德关怀体系。孟子说："君子之于物也，爱之而弗仁；于民也，仁之而弗亲。亲亲而仁民，仁民而爱物。"[5] 与万物一体的思想一致，这里将对人的"仁"扩展到了对万事万物的"爱"。在这一点上，道家思想与儒家思想有相近之处。庄子也说："爱人利物之谓仁"[6] "泛爱万物，天地一体也"[7]，将爱人与爱物统一起来。有所不同的是，儒家的人与自然和谐的生

① 《荀子译注》，张觉译注，上海古籍出版社，1995，第 162 页。
② 《老子今注今译》，陈鼓应注译，商务印书馆，2003，第 169 页。
③ 《齐民要术译注》，缪启愉、缪桂龙译注，上海古籍出版社，2009，第 51 页。
④ 《齐民要术译注》，缪启愉、缪桂龙译注，上海古籍出版社，2009，第 61 页。
⑤ 孟子：《孟子》，杨伯峻、杨逢彬译注，岳麓书社，2000，第 334 页。
⑥ 《庄子正宗》，马恒君译注，华夏出版社，2007，第 187 页。
⑦ 《庄子正宗》，马恒君译注，华夏出版社，2007，第 591 页。

态伦理思想，强调从人出发关爱万物，明确人在万物中的重要地位、价值差异；而道家，如庄子的思想更强调万物之间的平等共生关系，追求无高下之别、无贵贱之分的和谐共存。

3. 永续生态价值观

中国传统生态智慧特别强调对自然资源的适度取用，强调通过保护实现自然资源的可持续利用。《吕氏春秋》中写道："竭泽而渔，岂不获得？而明年无鱼；焚薮而田，岂不获得？而明年无兽。"[1]为眼前的短期收益而将资源的本底消耗殆尽，是不可取的，也是不应做的。"天下之士也者，虑天下之长利，而固处之以身者也。利虽倍于今，而不便于后，弗为也。"[2] 这里的资源永续利用和关怀后世的思想，与可持续发展理念强调当代人的发展不影响后代人的需求满足的思路有一致性。

古代中国有许多典籍从理论和实践两个维度论述了资源永续利用的生态价值观。这种观念强调自然资源的价值，认为社会生产应在尊重自然规律的基础上，以不破坏生态系统生产能力为原则，采取"以时禁发""以时养物"的方法，在鸟兽孕育、植物新发的季节禁止捕猎和砍伐，在适宜的时间适度取用可再生的自然资源，使得自然资源的价值可以充分延续。孟子就曾对梁惠王阐发过相关思想："不违农时，谷不可胜食也；数罟不入洿池，鱼鳖不可胜食也；斧斤以时入山林，材木不可胜用也。"[3] 不违背农时，就能有吃不完的粮食；不用细密的网捕捞，鱼鳖就不会绝迹；遵照时令砍伐，木材供应就会源源不断。

在夏商周时期，管理自然资源的相应官职"虞"已经设立，保护自然资源的法令条文也已颁布。相传最早的资源保护禁令是由禹所颁布："但闻禹之禁：春三月山林不登斧，以成草木之长；夏三月川泽不入网罟，以成鱼鳖之长。"[4] 历朝历代的律令中，"以时禁发"相关思想均有具体体现，构成我国传统生态文化的重要内容。例如，周文王时期的《伐崇令》，秦

---

① 《吕氏春秋译注》，张双棣等译注，北京大学出版社，2000，第396页。
② 《吕氏春秋译注》，张双棣等译注，北京大学出版社，2000，第693页。
③ 孟子：《孟子》，杨伯峻、杨逢彬译注，岳麓书社，2000，第5页。
④ 黄怀信：《逸周书校补注译》，三秦出版社，2006，第191页。

朝的《田律》，西汉的《四时月令五十条》等。唐代还在延续虞衡制度的基础上，进一步设立了工部、屯田、虞部、水部，进行专门管理，进一步健全了自然资源管理机构。

保护资源，适度取用的理念也通过节俭、惜物等形式渗透和体现在传统生活方式中。孔子等都明确主张适度消费，反对奢侈浪费。孔子盛赞自己的学生颜回朴素节俭的生活方式："一箪食，一瓢饮，在陋巷，人不堪其扰，回也不改其乐。贤哉，回也！"①在孔子看来，选择看起来寒酸的节俭生活方式，要比享受奢侈更具有价值，把这种生活方式与人的品性道德紧密联系起来，推崇人们追求更高的精神境界。管子也强调人的欲求应得到合理控制，并把适度取用的生活方式与国家社会的稳定延续联系起来。《管子》中写道，"地之生财有时，民之用力有倦"，"故取于民有度，用之有止，国虽小必安；取于民无度，用之不止，国虽大必危"②。这些根据社会生产实际，强调量入为出的朴素思想都为生态文明建设提供了宝贵的传统文化资源。

第二节　实践背景

生态文明建设是人类社会探寻生态危机解决方案的最新实践，产生和发展于相关实践。20世纪一系列环境公害促进了人类觉醒，生态、环境保护理论大量涌现，已经从认知上为现实问题的解决提供了基础。国际环保会议的召开，也表明这些问题已经引起了国际性的关注。人类对于环境问题的解决，也必定是在从认知到行动的完整链条上完成。国际上，一边是众多专家学者不断丰富生态环保理论，一边是政府组织、社会团体等积极参与实践。新中国成立后我国从自身国情出发，对人口、资源和环境问题进行了积极探索，为生态文明建设理论和战略的提出奠定了基础。

---

① 《论语》，臧知非注，河南大学出版社，2008，第145页。
② 《管子译注》，刘柯、李克和译注，黑龙江人民出版社，2003，第12页。

一 国际生态、环境保护的相关实践

国际范围内兴起的生态、环境保护相关实践，依据推进主体可区分为国际组织、区域联盟、非政府环保组织、绿党和公众等。各类组织和政党相关实践的重心，主要在协调社会经济发展与生态环境保护的关系上。

1. 国际组织全球范围的绿色经济尝试

联合国在实践层面倡导世界各国发展绿色经济，深化推进可持续发展。绿色经济的概念最早由英国环境经济学家皮尔斯（David Pearce）在1989年的《绿色经济蓝图》一书中提出。皮尔斯将绿色经济界定为：以保护和完善生态环境为前提，以市场为导向，以传统产业经济为基础，以社会、经济、环境协调发展为增长方式，以可持续发展为目的的经济形态。联合国则赋予了绿色经济更新的内涵，将绿色经济定义为：可促成增进人类福祉和社会公平，同时显著降低环境风险与生态稀缺的经济。

绿色经济被视为一种低碳、资源高效型和社会包容型经济。在绿色经济中，收入和就业的增长由公共及私人投资驱动，而这些投资是指向能够降低碳排放和减少污染、能够提升能源和资源利用效率、能防止生物多样性和生态系统功能丧失的领域的。2012年6月，在巴西里约热内卢召开的联合国可持续发展大会明确，"绿色经济是实现可持续发展的一个重要工具"。传统、现行的经济模式导致了环境风险、生态稀缺和社会分化，因而被称为褐色经济，推动褐色经济成功转型为绿色经济，才能真正实现可持续发展。2013年2月，联合国环境规划署在肯尼亚内罗毕召开第二十七届理事会暨全球部长级环境论坛，中国政府提出了关于"在可持续发展和消除贫困背景下的绿色经济"① 的决议，拓展了"绿色经济"的定义范围，认为其他不以"绿色经济"命名的相关活动，也同样应该认可鼓励。例如，生态文明、自然资本核算、生态服务补偿等都应纳入，这也显示了绿色经济与其他环保实践的密切联系和相容性。

绿色经济的基本特征包括：以经济活动的生态化、绿色化为重点内

---

① 盛馥来、诸大建：《绿色经济——联合国视野中的理论、方法与案例》，中国财政经济出版社，2015，第25页。

容；以绿色投资为核心，以绿色产业为新增长点；强调可持续性，充分考虑生态环境容量和资源的承载能力。

在具体实践中，"绿色经济"主要表现在"资源生产率的提升""对自然资本的投资""改善环境生活质量""发展环保产业""创造绿色就业"等方面。中国在绿色经济方面也进行了大量积极的尝试，为其他国家提供了许多可以借鉴的宝贵经验。2016 年，联合国环境规划署发布《绿水青山就是金山银山：中国生态文明战略与行动》报告，肯定了中国的实践成果。

2. 区域联盟的环保行动

在联合国和世界银行等全球性组织以外，以欧盟为代表的区域联盟也通过多国协作进行了生态环境保护相关政策制定和实施的尝试。欧洲作为生态现代化理论的发源地，生态环境保护方面的实践一直处于国际领先地位。区域联盟对相关成员国的环保实践进行了很好的协调和整合。欧盟一直致力于提升环境政策的地位，通过完善法规以及多元灵活的实施手段，促进了其在国际范围内认可度和现实可行性的提升。

欧盟的前身欧洲共同体在 1973 年就通过了第一个环境行动计划（*Environmental Action Programme*），明确提出应将环境问题纳入政策领域，以便为环境政策提供广泛的支撑，使之得到正式推行。通过一系列环境法令的颁布和一般性措施的推行，将环境问题平行纳入共同体其他政策的需求也越发明确。1987 年，欧共体制定了《单一欧洲法令》，规定了共同体的环境保护目标、原则、决策程序等内容，至此真正确立了共同体环境与发展综合决策的法律地位。

《单一欧洲法令》主要确定了五项原则[1]。①防备原则：在某个环境问题有概率发生之前，就要采取相应的防范措施，而非在发生后再补救。②预防原则：要求在预防活动可能对环境产生或增加不良影响的前提下，事先采取防范措施。③就近原则：从源头上减少污染，引导企业参与科学技术开发利用。④污染者付费原则：对排放污染物对环境造成有害影响的污染

---

[1] 王伟中：《从战略到行动：欧盟可持续发展研究》，社会科学文献出版社，2008，第 8～10 页。

者采取相应处罚，公平负担。⑤一体化要求原则：要求欧盟共同体的各项活动应考虑"环保要求"，其他部门的工作也应作出有关规定。如今看来，这五项原则仍然对环境治理有重要指导意义。

欧盟一体化过程中，以可持续发展为环境政策重点的目标逐渐确立，并形成了一系列发展战略，环境行动计划也不断更新和延续。在政策方向上，早期被动的末端治理逐步走向源头治理，就生产领域而言，产品的生命周期理论被作为政策制定的依据，实现了对污染者付费原则局限性的超越。欧盟还通过各种金融税收政策激励新能源产业发展，推动各成员国完成温室气体减排任务。欧盟的相关做法，为区域和国家间环境治理协作提供了可以借鉴的良好经验。

3. 非政府环保组织的绿色行动

非政府环保组织作为民间独立于政府和企业的第三种力量，由于其自发性、民间性、非营利性等特征，在生态环境保护活动中有不可小觑的影响力。在生态环境问题解决过程中，公众意愿的反馈以及具体措施的施行，常常借助非政府环保组织的桥梁和补充作用来实现。由于生态环境问题本身的复杂性，并与经济、资本逐利性存在冲突，非政府环保组织在发挥监督作用，以及有效性和灵活性方面都有突出优势。

知名的国际非政府环保组织有世界自然基金会（WWF）、政府间气候变化专门委员会（IPCC）、世界资源研究所、绿色和平组织、地球之友、塞拉俱乐部、国际鸟类保护理事会、国际环境和发展研究所等。一些非政府环保组织偏重政策研究。例如，以撰写《增长的极限》闻名的罗马俱乐部，就属于研究型的专业环保组织。这类专业组织因成员本身的学术背景，能够通过研究的方式，对环境问题作出分析和评估。能够以其更权威的声音或身份，参与官方会议或提出政策建议，并从专业理性角度引领大众行动。一些非政府环保组织致力于为环境问题提供专业援助和建议，或致力于强化政府、公众对环境问题的关注，以保护世界生物多样性、推进可再生资源可持续利用、降低污染和减少浪费。侧重解决实际问题的非政府环保组织，因在社会各方面事务中的自发性，促进了环保工作的高效推进，并使环保理念在大众中得以更全面地推广。

一些非政府环保组织的环保实践存在争议，它们在实际行动中采取了与文明抵制、非暴力不合作相反的策略，即使用极端的暴力手段，故意破坏财物以引发政府、公众对生态、环境、动物权益相关问题更强烈的关注。

4. 绿党引领环保政治

作为西方绿色运动的一部分，明确将环境保护作为目标之一的政党组织——绿党，逐渐演化为一股重要的政治力量。德国绿党在 20 世纪 70 年代末 80 年代初创建时确立了四个基本目标——社会正义（social justice）、草根民主（grass-root democracy）、生态永继（ecological sustainability）、世界和平（world peace）①。绿党秉承"生态优先、基层民主、非暴力、反核原则、女权主义"五大原则，于 20 世纪兴起于欧洲，并逐渐在世界范围内扩散。这些目标与原则使绿党作为聚焦生态问题的政党，在政治舞台上独树一帜，并担负着更多人道主义使命。

绿党的生态优先原则将"生态"摆在了首要位置，引入生态原则对人类的经济技术活动进行评价，否定了以往无限增长扩张的发展模式。绿党在这一基本原则基础上，对经济、科技等领域的政策提出具体要求，强调人口的控制和全球性价值观的确立。绿党认识到，归根到底，生态环境不仅是人与自然的问题，也是社会与自然以及人与人关系的映射。故而，绿党对生态问题的关注，也延伸到对人权问题的重视。人与自然的变革，也需要人与人、社会与自然之间关系的变革。

世界上已有超过 70 个绿色政党②，其中较有影响力的主要有德国绿党、美国绿党、法国绿党、日本绿党等，都在各自国家的政治舞台和环保运动中发挥着重要作用。例如，德国绿党在 1998 年当选执政党后，通过对企业的引导、对民众的宣传教育和百余部法律案的推行，推动从经济到社会到文化的整体转型，建立起了如奥尔登堡、斯图加特等一批享誉世界的生态城市。绿党的出现和壮大，使得绿色发展的呼声得到了决策者更多的回应，并通过政治力量使得理念推行和实际进路都更为直接。

① 刘东国：《绿党政治》，上海社会科学院出版社，2002，第 16 页。
② 杜明娥、杨英姿：《生态文明与生态现代化建设模式研究》，人民出版社，2013，第 153 页。

二　中国生态文明建设的先行探索

生态文明战略是中国共产党在长期探索人与自然关系的实践过程中逐步形成并提出的。新中国成立后，人口、资源与环境的协调发展侧重点呈阶段性特点，人口政策最终化为基本国策。20 世纪 70 年代开始，环境保护的专门机构设置、法制建设也逐步完善。90 年代后，可持续发展战略明确提出并落实。进入 21 世纪后，"两型社会"、科学发展观等理念的提出，已经为生态文明战略的确立做好充分准备。

1. 协调人口与资源、环境

我国人口基数大，在有限的资源条件下，人口因素很大程度上制约着人口素质与生活质量，制约着社会整体发展水平和方向。人口规模持续扩大，势必会超出环境承载力，造成物质和社会资源严重不足，更不符合可持续发展要求。20 世纪 50 年代初老一辈领导人就意识到亟待解决人口问题，并提出过人口控制和计划生育等主张。中共中央颁布的《1956 年到 1967 年全国农业发展纲要（修正草案）》明确写入了宣传推广节制生育、提倡计划生育的内容，同时进行了一些试点，但由于种种原因，一直未能真正从国家层面实行人口政策。

直到 20 世纪 70 年代初，面对严峻的人口形势，中国政府开始全面制定与推行计划生育政策。1971 年，国务院向原卫生部等转发了《关于做好计划生育工作的报告》，要求加强对计划生育工作的领导，把晚婚和计划生育作为"城乡群众的自觉行为"。1973 年，国务院在中央和各地方相继成立了专门的计划生育领导小组和办公室，同年全国计划生育工作汇报会提出"晚、稀、少"的口号，这都标志着计划生育工作的正式展开。

以邓小平为核心的第二代中央领导集体在提出四个现代化的同时，也客观分析了我国人口多、底子薄、耕地少的国情，认为人口与经济、社会、资源、环境必须协调发展。1982 年 9 月中共十二大确定，"实行计划生育，是中国的一项基本国策"。与资源、环境的协调，不仅需要改善人口的数量与结构，也需要对资源和环境进行更合理的规划、保护和利用。早期的工业化进程由于生产方式和技术落后，造成的环境污染和破坏十分严重，由于工业化的局部性，并未引起足够重视。20 世纪 60 年代到 70 年代初，更大范围的环境问题已经与人们的生活产生了矛盾。西方环境公害频发，以及 1972 年斯德哥尔摩召开的联合国人类环境会议，使中央政府由内而外地意识到了环境问题的重要性。

在计划生育工作正式开展的同一年，也就是 1973 年，国务院召开了第一次全国环境保护工作会议，标志着我国环保工作的正式起步。会议审核通过了"全面规划、合理布局、综合利用、化害为利、依靠群众、大家动手、保护环境、造福人民" 32 字环保工作方针，和我国第一个环保文件——《关于保护和改善环境的若干规定（试行草案）》，作为里程碑式事件，开始为环保事业提供政策引导和支撑。1974 年 10 月 25 日，正式成立了国务院环境保护领导小组，这也是新中国第一个环境保护机构。

环境法制建设方面，1978 年全国人大五届一次会议通过的《宪法》规定，"国家保护环境和自然资源，防治污染和其他公害"，首次为环保事业提供了法律保障，为其进一步发展奠定了基础。20 世纪 90 年代期间，先后颁布了《大气污染防治法》《水污染防治法》《环境噪声污染防治法》《固体废物污染环境防治法》等一系列更具体完善的法律法规。

机构建设方面，1982 年，国务院原环境保护领导小组办公室与原国家建委、原国家城建总局、原国家建筑工程总局、原国家测绘总局合并，组建城乡建设环境保护部，内设环境保护局。1988 年，独立的国家环境保护局（副部级）成立。1998 年国务院进行机构改革，将国家环境保护局升格为正部级的国家环境保护总局。2008 年，第十一届全国人大一次会议批准在原国家环境保护总局基础上，成立环境保护部。2018 年 3 月，十三届全国人大会议召开，组建生态环境部，不再保留环境保护部，并同时成立了自然资源部，进一步将资源与环境的行政职责进行了明确划分。

2. 明确可持续发展方向

20 世纪 90 年代以前是可持续发展道路的摸索阶段，随着人口与环境资源举措的逐步推行落实，综合性的可持续发展战略也呼之欲出。90 年代之后，中国更加积极自主地深入探索，进一步明确了未来发展方向和定位。

可持续发展战略思想向行动的推进是在 1992 年 6 月，里约热内卢召开的联合国环境与发展大会（联合国全球环境首脑会议）通过了《里约环境与发展宣言》和《21世纪议程》。同年8月，中国即提出了环境与发展"十大对策"，明确了可持续发展道路是中国的方向和必然选择。1994年3月，《中国21世纪议程——中国21世纪人口、环境与发展白皮书》正式出台，从人口、环境和发展角度分析了具体国情，提出了中国可持续发展的总体战略、对策和行动方案。以可持续发展为目标，指导各级政府制定国民经济和社会发展长期计划，在不到一年的时间就将里约会议精神作了政策上的实质性落实。

1995年，党的十四届五中全会在事关中国特色社会主义建设成败的十二大重要关系中提出，应正确处理经济建设和环境保护的关系，进一步将可持续发展战略确立为我国现代化的核心战略。1996年7月召开的第四次全国环境保护会议提出，要将污染防治和生态保护放在同等位置，还提出"保护环境就是保护生产力"的重要论断。

在政策逐步完善的同时，实践探索和反馈也日益增加。1997年，通过建立国家可持续发展实验区等形式，北京、湖北等16个省份开展了议程内容的试点工作，从地方入手，进一步从实践中探索经济、社会和生态、环境的协调发展道路。同年5月，原国家环境保护总局下发《关于开展创建国家环境保护模范城市活动的通知》，开展全国范围的环保共创共建。

2000年，中国制定了《全国生态环境保护纲要》等纲领性文件。2002年9月在南非举行的可持续发展世界首脑会议上，时任总理朱镕基进一步阐明了中国政府促进可持续发展的基本主张。2003年初，国务院颁布了《中国21世纪初可持续发展行动纲要》，提出了未来10~20年中国可持续发展的目标、重点领域和保障措施。总体目标是：可持续发展能力不断增强，经济结构调整取得显著成效，人口总数得到有效控制，生态环境明显改善，资源利用率显著提高，促进人与自然的和谐，推动整个社会走上生产发展、生活富裕、生态良好的文明发展道路。

"两型社会"战略构想的提出，意味着中国在可持续发展基础上又迈上了一个新台阶。这是对可持续发展理念更具体的阐释，也是对社会发展提出的更明确要求。2003年3月，在中央人口资源环境工作座谈会上，胡锦涛提出建立"资源节约型、环境友好型"社会,以"两型社会"为战略构想开始了新一轮的布局和探索。

2007年,胡锦涛在党的十七大报告中再次强调指出:"加强能源资源节约和生态环境保护,增强可持续发展能力。坚持节约能源和保护环境的基本国策,关系人民群众切身利益和中华民族生存发展。必须把建设资源节约型、环境友好型社会放在工业化、现代化发展战略的突出位置,落实到每个单位,每个家庭。"①

中国的可持续发展道路,从《中国21世纪议程——中国21世纪人口、环境和发展白皮书》的制定、推行,到"两型社会"的构想和建设,都是中国政府对生态整体观的突破和落实,为生态文明建设布局一步步打下了基础,做好了理论和实践的衔接铺垫。

3. 走科学发展、协调发展之路

2003年10月,党的十六届三中全会召开,会议通过了《中共中央关于完善社会主义市场经济体制若干问题的决定》,明确提出要树立新的发展观,以实现"以人为本"为核心的全面、协调、可持续发展。之后,经过整合,正式提出了"科学发展观"。其所蕴含的以人为本、全面发展、协调发展、可持续发展、统筹人与自然和谐发展等观念,实际上已经包含生态文明思想的内涵和雏形。

科学发展观,是要从中国实际出发,解决现有问题并为将来创造条件,从人与自然、人与人以及人与社会三个维度推动实现真正的现代文明。2007年10月,党的十七大召开,中共中央深入分析了中国基本国情、战略需求和中国现代化发展路径,将"建设生态文明"提升为全面建设小康社会的新方略和五大目标之一,要求基本形成节约能源资源和保护生态环境的产业结构、增长方式、消费模式。这是中国共产党第一次把"生态文明"写入行动纲领,也是在"可持续发展""两型社会""科学发展观"等理论基础上新的提升和跨越,是从总体布局上对人与自然关系的全面审视。2008年12月,原环境保护部出台《关于推进生

① 胡锦涛:《高举中国特色社会主义伟大旗帜 为夺取全面建设小康社会新胜利而奋斗》,《中国共产党第十七次全国代表大会文件汇编》,人民出版社,2007,第23页。

态文明建设的指导意见》，明确了推进生态文明建设的指导思想、基本原则和基本要求。在珠三角沿海地区深圳等6个市县开展了生态文明建设试点。

生态文明建设战略共有四大目标：第一，基本形成节约资源能源和保护生态环境的产业结构、增长方式、消费结构；第二，循环经济形成较大规模，可再生能源比重显著上升；第三，主要污染物排放得到有效控制，生态环境质量明显改善；第四，生态文明观念在全社会牢固树立。同时，建立"两型社会"也被写入中国共产党党章。

在这一时期，同样也不可否认，长期的粗放发展及其遗留的环境问题，都限制着我们的生产和生活，需要逐步解决。土壤污染、水土流失、垃圾处理、生物安全等生态环境问题，在我国的人口和国土面积国情面前都形成了更大的挑战。这也从侧面反映了实施生态文明战略的现实紧迫性。从可持续发展战略到科学发展观，再到生态文明战略的提出，不仅是理论和内涵的递进更新，更是对人与自然关系的认识深入。

第三节　新时代生态文明建设思想

党的十八大以来，中国共产党就为什么建设生态文明、建设什么样的生态文明、怎样建设生态文明，展开了多样的理论和实践探索，并取得了丰硕的创新成果。以习近平总书记为代表的中国共产党人，结合生态文明建设的实际经验，在理论上不断拓展、丰富生态文明建设的内涵，为生态文明建设思想的发展作出了原创性贡献。习近平生态文明思想强调，生态文明建设必须坚持党对生态文明建设的全面领导，坚持生态兴则文明兴，坚持人与自然和谐共生，坚持绿水青山就是金山银山，坚持良好生态环境是最普惠的民生福祉，坚持绿色发展是发展观的深刻革命，坚持统筹山水林田湖草沙系统治理，坚持用最严格制度最严密法治保护生态环境，坚持把建设美丽中国转化为全体人民的自觉行动，坚持共谋全球生态文明建设之路[1]。习近平

---

[1] 中共中央宣传部、中华人民共和国生态环境部：《习近平生态文明思想学习纲要》，学习出版社、人民出版社，2022，第2～3页。

生态文明思想指出，在生态文明建设中需要正确处理好高质量发展和高水平保护的关系、重点攻坚和协同治理的关系、自然恢复和人工修复的关系、外部约束和内生动力的关系、"双碳"承诺和自主行动的关系①。这些论述是马克思主义世界观和方法论的鲜活应用，是新征程上生态文明建设推进的科学指引。

一 坚持党的领导，着眼民生福祉，放眼千年大计

中国共产党的领导决定着生态文明建设的成败。在中国共产党的全面领导下，从观念、战略布局、重大工程、发展转型、体制改革、法治建设、组织保障等方面推动中国生态文明建设取得历史性成就。中国共产党是全世界第一个将生态文明建设纳入行动纲领的执政党。生态文明建设不仅纳入党章，并且写入宪法，将党的主张、国家意志和人民意愿高度统一起来。党的十八大将生态文明建设纳入中国特色社会主义建设五位一体总体布局，将生态文明放在突出位置，融入经济、政治、文化、社会建设的各方面和全过程。党的十九大明确，坚持人与自然和谐共生是新时代坚持和发展中国特色社会主义基本方略之一。党的二十大强调，促进人与自然和谐共生是中国式现代化的本质要求。"我们坚持可持续发展，坚持节约优先、保护优先、自然恢复为主的方针，像保护眼睛一样保护自然和生态环境，坚定不移走生产发展、生活富裕、生态良好的文明发展道路，实现中华民族永续发展。"②

生态环境问题是关系民生的重大社会问题，是事关中华民族可持续发展的根本问题。习近平总书记强调，必须把生态文明建设摆在全局建设的突出地位，积极回应人民群众所想所盼所急，大力推进生态文明建设。"我们要建设的现代化是人与自然和谐共生的现代化，既要创造更多物质财富和精神财富以满足人民日益增长的美好生活需要，也要提供更多优质生态产品以满

---

① 习近平：《全面推进美丽中国建设　推进人与自然和谐共生的现代化》，《人民日报》2023年7月19日，第1版。

② 习近平：《高举中国特色社会主义伟大旗帜　为全面建设社会主义现代化国家而团结奋斗——在中国共产党第二十次全国代表大会上的报告》（2022年10月16日），人民出版社，2022，第23页。

足人民日益增长的优美生态环境需要。"① "良好生态环境是最公平的公共产品，是最普惠的民生福祉。"② 生态环境没有替代品，用之不觉，失之难存。必须坚持节约、保护、自然恢复为主的方针，坚定不移走生产发展、生活富裕、生态良好的文明发展道路，才能建设人与自然和谐共生的现代中国，才能建设出望得见山、看得见水、记得住乡愁的美丽中国。

生态文明建设，关乎民生福祉，更关乎民族未来。"生态兴则文明兴，生态衰则文明衰。"③ 中华民族的永续发展，必须建立在人与自然和谐共存的坚实基础上。习近平总书记站在人类文明发展的历史维度，审视生态文明建设的历史定位。回顾历史，四大文明古国都发源于森林、水量、田野环境良好的地区。而生态环境的败坏导致古埃及和古巴比伦迅速衰落。我国古代也有惨痛的教训实例：甘肃河西走廊、陕西黄土高原地区，在历史上都是水草丰茂的肥沃地区，但由于古代的毁林开荒、乱砍滥伐，致使当地生态环境遭到严重破坏，加剧了经济的衰落。生态文明是超越以往人与自然对立关系，发展和延续人类文明的必然要求。正所谓"生态文明建设功在当代、利在千秋"④，生态文明建设事业不仅造福人民群众，也惠及子孙后代，是实现中华民族生生不息的根本保障。

二　坚持绿水青山就是金山银山，构筑绿色发展模式

经济发展与生态环境保护并非简单对立，而是辩证统一的。习近平总书记指出："我们既要绿水青山，也要金山银山。宁要绿水青山，不要金山银山，而且绿水青山就是金山银山。"⑤ 这是中国特色社会主义的

---

① 习近平：《决胜全面建成小康社会　夺取新时代中国特色社会主义伟大胜利——在中国共产党第十九次全国代表大会上的报告》（2017 年 10 月 18 日），人民出版社，2017，第 50 页。

② 中央文献研究室：《习近平关于社会主义生态文明建设论述摘编》，中央文献出版社，2017，第 4 页。

③ 中央文献研究室：《习近平关于社会主义生态文明建设论述摘编》，中央文献出版社，2017，第 6 页。

④ 习近平：《决胜全面建成小康社会　夺取新时代中国特色社会主义伟大胜利——在中国共产党第十九次全国代表大会上的报告》（2017 年 10 月 18 日），人民出版社，2017，第 50 页。

⑤ 中央文献研究室：《习近平关于社会主义生态文明建设论述摘编》，中央文献出版社，2017，第 21 页。

发展理念，也是推进"美丽中国"建设的重大原则。

"既要绿水青山，也要金山银山"表明，生产力发展不应建立在对资源和生态环境的过度消耗上，同时，生态环境保护也不应以舍弃生产力发展为代价。事实上，良好的生态环境本身就蕴含着经济价值，而生态环境保护的成败归根结底取决于经济结构和经济发展方式。

"宁要绿水青山，不要金山银山"表明，对人类生存来说，发展经济固然重要，生态环境也是人民幸福生活的重要内容，是单纯的金钱无法替代的。因为良好的生态环境是最公平的公共产品，同时也是最普惠的福祉。保护生态环境在这个维度和发展经济一样，都是为了民生。我们要坚持生态惠民、生态利民、生态为民原则，坚决打好污染防治攻坚战，让良好的生态环境成为人民幸福生活的增长点。

"而且绿水青山就是金山银山"点明，绿水青山既是一种自然的、生态的财富，又是一种社会的、经济的财富。实现社会经济可持续发展，良好的生态环境是必不可少的。要坚定不移地保护生态环境这个巨大的社会经济财富，利用自然优势发展特色产业，因地制宜壮大"美丽经济"。对于一些生态环境优良，但经济相对贫困的地区，不能透支生态环境来发展经济，而是要通过改革创新，让土地、劳动力、资产、自然风光等经济要素相结合，"活起来"，让资源变资产、资金变股金、农民变股东，把生态环境蕴含的生态产品价值转化为经济价值。

坚持绿水青山就是金山银山的理念，必然要求推动绿色发展，把经济活动、社会发展、人的活动控制在自然生态系统可承受范围内。传统工业化进程以牺牲生态环境为代价换取社会财富的增长，是不可持续的。我国在追求国内生产总值增长的过程中，形成的高能耗、高碳排放的产业结构也是难以持续的。随着人民生活水平的大幅度提高，奢侈炫耀、浪费无度消费行为的抬头，也是不环保的。所以，"要充分认识形成绿色发展方式和生活方式的重要性、紧迫性、艰巨性"[1]。通过旧有发展思维、发展理念和发展模式的突破，推动生产方式、生活方式、思维方式和价值观念的全

---

[1] 习近平：《论坚持人与自然和谐共生》，中央文献出版社，2022，第173页。

盘变革，实现发展观的深刻变革。推动绿色发展，要求在经济社会发展中，建立健全绿色低碳循环发展经济体系；紧抓产业结构、能源结构、运输结构、用地结构调整；优化国土空间开发格局；全面促进资源节约集约利用；加快农业绿色发展；努力实现碳达峰碳中和。

三　坚持人与自然和谐共生，统筹山水林田湖草沙系统治理

人与自然和谐共生的思想秉承辩证唯物主义和历史唯物主义立场，强调人与自然是生命共同体的理念，以整体论的视角来看待自然和人与自然的关系。习近平总书记指出："自然是生命之母，人与自然是生命共同体，人类必须敬畏自然，尊重自然，顺应自然，保护自然。"[①] 这一理念继承和发展了马克思主义的自然观和生态观，将生态学的整体自然观与中国特色社会主义建设的基本方略有机结合起来，将经济社会的运行和发展置于自然生态系统，强调社会发展规律与自然规律的内在一致性。

坚持人与自然和谐共生，需要在生态文明建设中协同各领域的治理，纠正条块分割、割裂整体的错误做法，真正从自然生态的系统性和整体性角度，爱护、维护自然，全过程、全方位推进生态文明建设。正如习近平总书记所指出的："我们要认识到，山水林田湖是一个生命共同体，人的命脉在田，田的命脉在水，水的命脉在山，山的命脉在土，土的命脉在树。"[②] 山水林田湖草人是一个复合的生态系统，如果片面地考虑其中的某个要素，忽略各部分功能上的密切联系，会顾此失彼。综合考量，统筹兼顾，才能真正促进人与自然这一生命共同体的互利共赢。

坚持人与自然和谐共生，统筹山水林田湖草沙系统治理，是辩证唯物主义系统观念的发展和应用，是习近平生态文明思想世界观和方法论的具体体现。习近平总书记明确指出："系统观念是具有基础性的思想和工作方法。"[③]

---

① 中共中央宣传部：《习近平新时代中国特色社会主义思想学习纲要》，学习出版社、人民出版社，2019，第167页。

② 中央文献研究室：《习近平关于社会主义生态文明建设论述摘编》，中央文献出版社，2017，第47页。

③ 习近平：《关于〈中共中央关于制定国民经济和社会发展第十四个五年规划和二〇三五年远景目标的建议〉的说明》，《人民日报》2020年11月4日。

党的二十大报告指出："万事万物是相互联系、相互依存的。只有用普遍联系的、全面系统的、发展变化的观点观察事物，才能把握事物发展规律。"① 系统观念在生态文明建设的思想和方法中有三个层面的体现。第一，在顶层设计层面，坚持生态文明建设融入社会发展的全方位、全过程，统筹推进"五位一体"的总体布局，将生态文明建设放置在社会发展整体中谋篇布局。第二，在价值观层面，牢固树立人与自然和谐共生的理念，将生态文明建设与人类社会文明新形态、自然生态系统的可持续发展紧密结合起来，构建人与自然生命共同体。第三，在生态系统治理和污染防治层面，统筹山水林田湖草沙一体化保护和修复。从系统观念出发，增强全局观念，在多重目标中寻求动态平衡。

四　坚持最严格的生态环境保护制度，构建最广泛的参与机制

生态文明建设是社会发展从思维方式到生产生活方式的整体变革，必须依靠制度和法治保驾护航。习近平总书记指出："只有实行最严格的制度，最严密的法治，才能为生态文明建设提供可靠保障。"② 生态环境和自然资源保护中出现的种种突出问题，大多和体制不健全、制度不严格、法治不严密、执行不到位、惩处不得力等制度缺陷有关。必须把制度建设作为推进生态文明建设的重要环节，深化生态文明体制改革，把生态文明建设早日纳入制度和法治的轨道上。

生态文明建设要加强总体设计和组织领导，加快制度创新，增加制度供给，完善制度配套，构建产权清晰、多元参与、激励约束并重、系统完整的生态文明制度体系。其中包括：归属清晰、权责明确、监管有效的自然资源资产产权制度；以空间规划为基础，以用途管制为主要手段的国土空间开发保护制度；以空间治理和空间结构优化为主要内容，全国统一、互相衔接、分级管理的空间规划体系；覆盖全面、科学规范、管理严格的

---

① 习近平：《高举中国特色社会主义伟大旗帜　为全面建设社会主义现代化国家而团结奋斗——在中国共产党第二十次全国代表大会上的报告（2022 年 10 月 16 日）》，人民出版社，2022，第20 页。

② 中央文献研究室：《习近平关于社会主义生态文明建设论述摘编》，中央文献出版社，2017，第99 页。

资源总量管理和全面节约制度；反映市场供求和资源稀缺程度，体现自然价值和代际补偿的资源有偿使用和生态补偿制度；以改善环境质量为导向，监管统一、执法严明、多方参与的环境治理体系；更多运用经济杠杆进行环境治理和生态保护的市场体系；充分反映资源消耗、环境损害、生态效益的生态文明绩效评价考核和责任追究制度等。

生态文明建设是全体人民的共同事业。生态文明建设的推进，对生态环境治理现代化水平的提升提出了要求，对建立健全党委领导、政府主导、企业主体、社会组织和公众共同参与的环境治理体系也提出了要求。习近平总书记明确指出，"要始终坚持用最严格制度最严密法治保护生态环境，保持常态化外部压力，同时要激发起全社会共同呵护生态环境的内生动力"①。每个人都是良好生态环境的受益者，同时也是建设者。新修订的《环境保护法》明确规定，公民应当增强环境保护意识，采取低碳、节俭的生活方式，自觉履行环境保护义务。通过弘扬生态文明价值观，培育生态文化体系，在全社会牢固树立社会主义生态文明观；通过倡导绿色生活方式，在衣食住行用游领域引导形成绿色文明生活风尚；推动环保社会组织、志愿者作用的充分发挥，引导公众和社会组织共同参与生态文明建设，把建设美丽中国转化为全体人民的自觉行动。

五　坚持共谋全球生态文明建设，建设清洁美丽世界

坚持人与自然的和谐共生，在全球生态环境治理层面即体现为共谋全球生态文明建设、构建人类命运共同体的理念，彰显了新时代生态文明思想的全球视野。在经济全球化背景下，环境污染加重、资源消耗过度等问题随着产业链发生转移，全球局部环境质量改善、整体生态状况恶化的情况仍然持续。全球生态系统的整体性，使得任何国家都不能在气候变暖、极端天气增多的背景下独善其身、置身事外。全球性的生态危机已经成为全人类和所有国家必须共同面对的问题。

人类命运共同体的本底是人类生存的自然条件。共谋全球生态文明建

---

① 习近平：《全面推进美丽中国建设　推进人与自然和谐共生的现代化》，《人民日报》2023年7月19日，第1版。

设的理念表明，要有效维护人类生存的本底，应走向生态文明建设共同体这一真正的人类命运共同体。中国作为负责任的发展中国家，在积极推进生态文明建设过程中充分显示了大国风范和责任担当。习近平总书记曾代表中国向世界庄严承诺："中国将继续承担应尽的国际义务，同世界各国深入开展生态文明领域的交流合作，推动成果分享，携手共建生态良好的地球美好家园。"① 十九大报告也进一步发出了中国作为"全球生态文明建设的重要参与者、贡献者、引领者"② 的有力宣言。二十大报告强调，中国将积极参与应对气候变化全球治理，"坚持绿色低碳，推动建设一个清洁美丽的世界"③。

在中国积极参与全球生态环境治理过程中，习近平总书记提出了"共同构建地球生命共同体"的命题和愿景，同时也强调中国要正确处理好"双碳"等向国际社会作出的承诺和自主行动的关系，协调好内外关系。作为一个负责任的社会主义大国，中国积极推进《巴黎协定》生效，携手各国应对气候变化；中国举办《生物多样性公约》缔约方大会，积极参与全球生物多样性保护工作；中国推动绿色"一带一路"建设，积极推动沿线各国的绿色发展转型。中国向国际社会作出碳达峰碳中和的庄重承诺，是中国实现高质量发展的内在要求，也是助力全球绿色发展的主动选择。在参与全球生态环境治理过程中，中国保持自身定力，把握符合自身条件和基础的路径、方法、节奏和力度，不为他国所左右。这些理念和实践，都超越了西方国家已有的可持续发展思想。

中国将努力为世界的可持续发展贡献中国智慧和中国力量。

---

① 中央文献研究室：《习近平关于社会主义生态文明建设论述摘编》，中央文献出版社，2017，第 127 页。

② 习近平：《决胜全面建成小康社会 夺取新时代中国特色社会主义伟大胜利——在中国共产党第十九次全国代表大会上的报告》（2017 年 10 月 18 日），人民出版社，2017，第 6 页。

③ 习近平：《高举中国特色社会主义伟大旗帜 为全面建设社会主义现代化国家而团结奋斗——在中国共产党第二十次全国代表大会上的报告》（2022 年 10 月 16 日），人民出版社，2022，第 63 页。

第二章

指标体系

中国在提升经济实力、推动社会进步的过程中，同样遭遇了西方国家曾面临的生态退化、环境污染、资源短缺等问题。中国创造性地提出和开拓生态文明建设的道路，积极投入世界绿色发展潮流。本章构建生态文明建设的国际比较指标体系，将中国生态文明建设置于全球化大背景下，明确中国生态文明建设的国际定位，探究中国生态文明建设进展的国际贡献。通过量化比较，剖析中国生态文明建设的特殊性、中国的优势，为中国生态文明建设找准目标和路径，为深度参与全球生态文明建设贡献智慧和经验。

第一节　参考借鉴

自 20 世纪 90 年代以来，国内外学者或政府部门在全球层面、国家层面、区域层面和地方层面对可持续发展评价指标体系展开了大量研究，为生态文明建设国际比较指标体系的设计提供了前期的开拓性借鉴。社会的可持续发展离不开生态、环境和资源的良性供给，当下对气候变化、环境保护和生态文明建设的重视等都是对可持续发展的诉求与保障。自 1987 年"可持续发展"概念提出到 1992 年《21 世纪议程》发布，再到 2015 年联合国特别首脑会议通过全新的、具有里程碑意义的全球可持续发展框架《变革我们的世界：2030 年可持续发展议程》，可持续发展作为一个全球性的问题，形成了多方面的国际共识。国际社会对生态环境测评指标体系的构建也集中于可持续发展评价方面。

一 国外相关指标体系研究

目前，国外关于可持续发展指标体系研究影响力较大的主要有可持续发展指标（ISD）、生态足迹（EF）、环境可持续指数（ESI）、环境绩效指数（EPI）等。

可持续发展指标（Indicators of Sustainable Development，ISD）是一种研究各国可持续发展状况的框架和方法，由联合国可持续发展委员会等机构于 1996 年推出。该指标体系根据《21 世纪议程》的具体要求，从社会、经济、环境和制度四个维度选取了 134 个指标，应用驱动力—状态—响应（DSR）模型研究各国可持续发展状况。该指标体系于 2001 年和 2007 年推出第二版和第三版，ISD 2007 年版保留了 2001 年版的基本框架，且将主题简化为 14 个，囊括的 44 个子主题分别有 50 个核心指标和 46 个其他指标[①]。目前，该指标体系仍然是国际和国家层面最具权威性的可持续发展指标体系之一，经由该指标体系确立的系统框架和评价思路为此后其他指标体系的构建提供了研究范本。尽管该指标体系致力于对可持续发展的全面量化评价，但指标设计与数据收集等过于庞杂，在具体指标选取和配置上，部分驱动力指标和压力指标存在明显交叉，操作性欠佳。

生态足迹（Ecological Footprint，EF）是衡量一个地区生态环境是否处于可持续发展状态的判断方法。生态足迹的理论原理认为，人类活动的可持续发展应该遵循两个原则：第一，对自然的获取率应等于生态系统的再生率（持续产量）；第二，废物排放速率应等于废物所在生态系统的自然同化能力。再生和同化能力是自然资本，如果不能保持这些自然资本，生态系统就必须被视为一个资本消耗的过程，因此是不可持续的[②]。生态足

---

① United Nations Commission on Sustainable Development（UNCSD），Indicators of Sustainable Development：Guidelines and Methodologies，New York：Commission on Sustainable Development，2007.

② Wackernagel，M. and Rees，W. Our Ecological Footprint. Green Teacher，1997，45：5 - 14.

迹模型通过比较人类对生物圈的需求与生态系统的自我恢复能力，估算一个地区支持生命的自然资本能否提供基本的生态系统服务和生态资源，以此来衡量人类对生态系统的需求是否适度。生态足迹模型易于估算、可操作性强，应用范围和领域广泛。但由于生态足迹仅仅关注生态系统的可持续性，忽视了社会因素、科技因素等的可持续性，难以反映整个社会的可持续能力全貌。

环境可持续指数（Environmental Sustainability Index，ESI）被用来衡量一个国家或地区能为后代人保持良好环境状态的能力，由耶鲁大学和哥伦比亚大学等学术机构于2000年合作开发。该指标体系共有5个核心领域、21项指标、75个变量，先后在2001年、2002年和2005年对世界各国的环境可持续性进行了测算[①]。ESI通过环境系统的健康状态、环境系统抗压能力、人类对环境变化的适应性、社会和体制应对环境变化的能力、全球环境合作的贡献五个方面来测评环境的可持续性。ESI的指标架构相对合理，涉及环境系统、社会政策和全球合作等诸多方面，具有一定参考价值，但ESI存在统计数据缺口较大、统计数据的时间序列过短和评价结果准确性不够等问题。

环境绩效指数（Environmental Performance Index，EPI）是ESI研究组在2006年推出的一套新的指标体系，是为弥补环境可持续指数在数据统计、变量设置和研究方法上的不足。环境绩效指数自推出以来，每两年开展一次全球尺度的评估工作，主要围绕"环境健康"和"生态系统活力"两大目标展开。2018年全球EPI从10个领域的24个具体指标对180个国家进行了环境绩效评估。EPI对环境趋势和进展的测评为政府部门的有效决策提供了依据，也为那些想引领可持续发展的国家提供了指导。EPI揭示了可持续发展两个基本维度的紧张关系：环境质量随着经济增长和繁荣而发生变化、生态活力不断受到来自工业化和城镇化的压力[②]。另外，EPI

---

① Yale Center for Environmental Law and Policy, Center for International Earth Science Information Network (CIESIN), Environmental Sustainability Index (ESI). Columbia University, 2018. http://sedac.ciesin.columbia.edu/data/collection/esi/.

② Yale Center for Environmental Law and Policy, Center for International Earth Science Information Network (CIESIN), 2018 Environmental Performance Index. Yale University, 2018. http://epi.yale.edu.

存在评价指标设计不完备和相关数据代表性不足的问题，如未将环境政策对气候变化的影响纳入评价体系，仅以污水处理来表征水资源状况等，一定程度上影响了环境绩效评价结果的可信度。

二 国内相关指标体系的研究

中国自 2007 年十七大提出建设生态文明之后，学术界对生态文明建设、绿色发展、可持续发展等进行了大量评价指标体系相关研究。在全球尺度上比较有影响力的指标体系有中国可持续发展能力评估指标体系、中国资源环境综合绩效指数、生态现代化指数、人类绿色发展指数和中国可持续发展指标体系等。

中国可持续发展能力评估指标体系（Assessment Indicator System for China's Sustainable Development）由中国科学院可持续发展研究组提出，包括总体层、系统层、状态层、变量层和要素层五个等级。总体层用来表现可持续发展的总体能力，代表战略实施的总体态势和效果。系统层主要揭示五大子系统的运行状态和发展趋势，表现为生存、发展、环境、社会和智力五个方面的支持系统。状态层反映决定各子系统行为的主要环节和关键组分的状态。变量层通过具体指标加以表征，用来反映影响状态层各因素的行为、变化等。要素层采用可测量、可比较、可获取的指标及指标群，对变量层的数量表现、质量表现、强度表现、速率表现等进行直接度量。该指标体系选取 58 个变量指数，共 430 个基层指标，考察经济发展、创新发展、科技进步、资源环境、循环经济、环境保护、绿色低碳发展等 19 个方面的状况[1]。

在此基础上，为检验资源节约型社会的进展和绿色发展状况，并针对国家或各地区的资源消耗和污染排放绩效进行评价，该研究组提出了中国资源环境综合绩效指数（Resource and Environmental Performance Index, REPI）。资源环境综合绩效指数选取了 4 个资源消耗指标和 5 个环境指标，通过测算某一地区多种资源消耗或污染排放强度与全国相应资源消耗或污

---

① 中国科学院可持续发展研究组：《2015 中国可持续发展战略报告——重塑生态环境治理体系》，科学出版社，2015。

染排放强度比值的加权平均值，评估地区资源环境综合绩效水平[1]。

生态现代化指数（Ecological Modernization Index，EMI）由中国现代化战略研究课题组和中国科学院中国现代化研究中心提出，旨在评价世界和中国生态现代化水平，在生态现代化政策上发挥引导作用。该指标体系按照 1 个总指数、3 个生态指数、12 个政策领域、30 个生态指标的层级分布来构建[2]，其中，30 个具体评价指标分别反映了生态进步、经济生态化和社会生态化三个指数的发展水平。生态现代化的概念迄今没有统一的定义，生态现代化的研究范围与内容也比较分散，因此，生态现代化的评价面临指标复杂性问题，如环境压力指标的非线性和波动性、地域差异和与经济脱钩的不同步性等。

人类绿色发展指数（Human Green Development Index，HGDI）由北京师范大学经济与资源管理研究院和西南财经大学发展研究院共同提出，立足人类共同体，不仅关注人的可行能力，还关注地球支持人类发展的可行能力。该指标体系从"吃饱喝净、健康卫生、教育脱贫、天蓝气爽、地绿河清、生物共存"6 个人类绿色发展的初级目标和基本条件出发，选择了社会经济的可持续发展和资源环境的可持续发展两个维度、共 12 个领域的指标来衡量各国的绿色发展水平[3]。人类绿色发展指数指标体系的构建遵循有效但有限原则、绿色与发展相结合原则、共同责任与同等测度原则和人类发展的包容与公平原则，指标设计简洁明了，数据具备可操作性和可得性。但是该指标体系在指标选取上优先考虑数据的可得性和连续性，放弃了一些有代表性的指标，如 PM2.5、单位 GDP 二氧化碳排放量等。

中国可持续发展指标体系（China Sustainable Development Index System，CSDIS）由中国国际经济交流中心与哥伦比亚大学地球研究院提出，旨在对中国社会发展的可持续程度进行跟踪监测和评估，为国家制定可持续发

---

[1] 中国科学院可持续发展研究组：《2015 中国可持续发展战略报告——重塑生态环境治理体系》，科学出版社，2015。

[2] 中国现代化战略研究课题组等：《中国现代化报告 2007——生态现代化研究》，北京大学出版社，2007。

[3] 北京师范大学经济与资源管理研究院等：《2014 人类绿色发展报告》，北京师范大学出版社，2014。

展战略规划提供决策支持。该指标体系由 2015 年的 5 个主题 77 个基础指标调整为 2017 年的 5 个一级指标 22 个二级指标，主要涉及经济发展、社会民生、资源环境、消耗排放和环境治理五个方面，指标设置更加简化和具有代表性。尽管这个评测模型应用时间不长，但也是构建全球可持续发展通用评价指标体系的一次积极尝试，该指标体系目前已完成国家层面、省域层面和城市层面的评价验证。

上述已有成果为探究生态文明建设国际比较指标体系提供了基础条件，也蕴含了充分综合、系统深入的可能性。已有的可持续发展、环境绩效、绿色发展评价指标体系，其评价框架非常值得借鉴，其指标选取为本书指标体系的构建提供了依据。需要注意的是，上述指标体系的侧重点各有不同，这些评价指标体系侧重点多在生态、环境、资源等领域，对经济发展、民生改善的评价并不突出，在人类社会发展与生态环境互动方面的指标也仍然存在很大探索空间。此外，不同评价指标体系服务的对象不同，直接真正展开国家层面相互比较的指标体系还较少，不能直接套用针对非国家层面评价的相关指标体系。最重要的是，生态文明中人与自然和谐发展、社会发展与生态繁荣共赢的内涵应该在相应指标体系中得到较好体现，而不仅仅停留在可持续发展或生态现代化维度。这使构建专门的生态文明建设国际比较指标体系成为必需。

第二节　设计思路

基于生态文明建设的内涵，课题组参考前人的研究，基于数据的可得性和连续性展开生态文明建设国际比较指标体系构建，遵循权威性、代表性、导向性原则，选取具体评价指标。

一　基于生态文明建设内涵的设计思路

生态文明建设，目的在于化解文明与自然的冲突，"人与天调，然后天地之美生"（《管子·五行》），形成人与自然的良性互动，让文明与生态走上共同繁荣的可持续发展道路。生态文明的内涵，要从"生态"和

"文明"两个方面来把握。"生态"这一方面，指明了生态文明所要应对和解决的问题，也即生态文明观念是应对全球性生态危机的产物，生态文明建设是化解生态危机的道路。"文明"这一方面，指明了生态文明的根本方向在于突破造成生态危机的传统工业文明，从结构上对文明形态进行调整。

生态文明建设是调整人与自然关系的综合性过程，涉及的领域广泛而复杂，难以一一量化。文明包含器物、行为、制度和观念层面[①]。本书量化指标体系的考察重点放在器物层面和行为层面。未将制度、观念层面纳入量化评价，是出于以下考虑：在制度层面，因国家之间的制度本身有较大差异，难以通过量化方式进行全盘考察；而观念层面要素的量化也具有极大操作困难，缺乏权威数据支撑。但制度执行、观念作用的效果都可以通过器物的状况和行为的结果体现出来，从而可以通过对器物、行为的考察反观制度和观念的发展状况，并在一定程度上反映生态文明建设的整体情况。

生态文明建设着力打造一种全新的文明形态。针对工业文明模式中生态缺位的弊端，人类社会在世界范围内展开了生态转型的多种尝试。可持续发展和生态现代化是目前受到较多关注的生态转型路径，从生态文明的广义视角来看，都可视为生态文明建设的广义路径。在一些基本理念上，生态文明建设与可持续发展及生态现代化有共鸣；在实践层面上，生态文明建设与可持续发展及生态现代化都努力应对生态、环境挑战，从制度、技术革新等角度，为各国生态文明建设提供器物层面、行为层面展开比较的可能。

从生态文明建设的内涵出发，生态文明建设的目标包含四大方面：自然生态系统富有活力，自然环境质量优良，社会各项事业发达，社会生产生活与自然资源利用、生态系统承载力高度协调[②]。

首先，生态是最根本的物质基础，是比人类劳动更具创造力、最基本的生产力，生态健康才能保证自然的可持续发展。其次，环境为人类提供

---

① 严耕等：《中国省域生态文明建设评价报告（ECI 2010）》，社会科学文献出版社，2010。
② 严耕等：《中国省域生态文明建设评价报告（ECI 2010）》，社会科学文献出版社，2010。

直接的生存保障，是提升人类生活水平的重要尺度，优美的生活环境是社会发展水平不断提升的体现。再次，社会事业推动文明的持续发展，生态文明促使人类把对自然无限索取、追求物质财富无限扩张的发展方式转变为对人类和自然更有益、健康、公正的发展方式，在维护生态健康、环境优美的同时增进社会福祉。最后，人与自然协调是生态文明和谐要义的体现，是化解文明与自然冲突的着力点。

生态健康是生态文明的大前提。人与生态的相互依赖关系紧密，高度重视生态才能更为完整、更为系统地把握生态文明。生态系统的稳定性依赖于内部活动的自我补偿特性，系统内部物质循环、能量流动和信息交流的平衡和畅通，是系统持续充满健康活力的关键。人为活动会增大生态系统中物质周期循环的速率，并产生新的能量流动路径和系统波动，这些人为活动的影响必须控制在系统的可承受范围内，才能避免生态系统崩溃。要增强生态活力，就要遵循生态法则，将人对生态的负面影响尽可能降低，充分保护各类生态系统的完整性和稳定性。

优美的环境是生态文明的根本要求。环境与人类的关系极为密切，为人类提供生存的根本要素，以及从事生产的资源基础，为人类消化废物，满足人类生活安全、舒适的需求。环境的基本构成包括大气、水、土壤、生物、岩石和阳光等。人类将栖居之地称为家园，优美的家园乃是人心所向。环境优美意味着更高水平的环境质量。目前，空气污染、水污染、土壤退化以及有毒物质排放是人类面临的主要环境问题。优美的环境应有优质的空气质量，减少温室气体排放；应合理配置水资源，控制水污染，保障基本的饮用水安全；应避免侵蚀耕地，遏制水土流失；禁止随意排放重金属和其他有毒物质；等等。

社会事业发达是生态文明不可或缺的。文明是人类追求物质财富和精神财富的过程中获得的积极成果。生态文明是文明的一种，是在传统工业文明已经产生的积极成果基础上，克服其不足后发展起来的文明形态，应创造更高的生产力和更多的社会福利，有健康的生态、优美的环境。如果没有发达的社会事业，只偏重生态文明中的"生态"方面，没有兼顾生态文明中的"文明"方面，是不符合人们追求美好幸福生活的真实愿望和社会发展基本规律的。社会事业的发达可以从经济、教育、福利、公平等方面衡量。发达的经济可以为生态保护、环境治理提供资金来源，较高的教育水平能够为生态文明观念的普及提供支撑，医疗、卫生、文化等各方面福利的提升是社会发展成果的标志，贫富差距、城乡差距的缩小将推进公平正义的实现。

人与自然协调是生态文明的核心。生态文明中，社会事业的蓬勃发展与生态健康、环境良好和资源永续相得益彰，才能不断提升人与自然的协调程度。自然生态系统中没有所谓的废物，废物其实是放错了地方、未得到充分利用的资源。人类工业化的大规模生产体系打破了自然原有的物质循环格局，产生了大量不易消纳的废弃物，造成污染和破坏。生态文明要求产业发展必须遵循生态学原理，使物质和能量能够得到循环、高效利用，将污染控制由末端治理转向全过程监控，以预防为主，将污染物消减在生产过程中。在企业层次，实行清洁生产，充分利用资源，使废物最小化、资源化、无害化；在区域层次，建立生态工业园区，减少工业废气、废渣、废水排放，实现区域或企业群的资源最有效利用；在社会层次，建设循环型社会，发展资源循环利用产业，应用再生能源技术，培养节约环保的可持续消费模式，实现人与自然协调。

遵循目标导向的设计思路，生态文明建设的量化国际比较考察以生态文明指数为总指标，下设四个考察领域，即生态活力、环境质量、社会发展和协调程度。再选取具体的指标，构建以"总指标—考察领域—具体指标"为架构的指标体系。在广泛借鉴国内外相关研究的基础上，参考专家意见，依据数据的可得性，课题组选取设立了18项具体指标，并赋予相应的权重。

在国际范围内，各国生态环境类指标与经济、社会类指标相比，指标领域覆盖的广度和数据时间序列覆盖的长度都差强人意。各国1990年之前的统计数据最为匮乏。自联合国千年发展目标确立以来[1]，1990年被作为

---

[1] 联合国千年发展目标包含八项内容：（1）消灭极端贫穷和饥饿；（2）实现普及初等教育；（3）促进两性平等并赋予妇女权利；（4）降低儿童死亡率；（5）改善产妇保健；（6）与艾滋病、疟疾和其他疾病作斗争；（7）确保环境的可持续能力；（8）建立促进发展的全球伙伴关系。详见 http://www. un. org/zh/millenniumgoals/statements. shtml。

经济、社会、环境等八项千年发展目标量化指标的基准年，随之相应的统计数据收集和整理得到重视，指标数据得到积累。2000 年后，随着对生态环境问题认识的进一步深入，以及面临问题的变化，如细颗粒物 PM2.5 在许多国家对空气污染的影响已经大于可吸入颗粒物 PM10，一些新的统计指标监测得以展开，但如 PM10、工业废水 BOD 等指标的统计监测则终止，相应数据也不再更新或公开。

国际生态环境类数据不足的实际情况，使得一些重要领域的考察无法纳入量化比较。例如，生物多样性方面，世界银行曾经公布了生物多样性效益指数[1]，但该指数的估算数值只有 2005 年和 2008 年两年的，之后没有延续，也取消了数据的公布。根据联合国环境规划署和世界养护监测中心以及国际自然保护联盟受威胁物种红色名录，世界银行公布了 2017 年一些国家受威胁的植物物种、哺乳动物的种类数量，以及基于鱼类数据库得到的 2017 年各国受威胁鱼类种类数量。但上述统计数据，一是缺乏连贯性，二是不能直接进行比较，因为各国生物多样性基底不同，必须与各国相应物种总数进行比较才有一定意义。此外，陆地三大生态系统之一的湿地，以及城市生态系统方面，也未能获取到相关数据。

在环境质量评价方面，水资源污染或治理情况的相关指标暂时缺失。国家层面的工业 BOD[2] 排放总量统计数据，世界银行已经不再更新及公布。联合国环境统计数据中，废水产生和处理的国家样本量均较小。能直接反映一个国家水体总质量或治理现状的数据难以找到。

在社会发展方面，基尼系数可以反映一个经济体收入分配与完全平均分配的偏离程度，即社会分配的公平程度。因可获取的各国基尼系数样本覆盖面有限，暂未纳入指标体系。受教育状况是反映社会发展水平的重要方面，但鉴于具有代表性的指标"教育公共开支总额占 GDP 比例"，中国的数据已缺失多年，难以为中国生态文明建设提供客观评价依据，未被纳

---

[1] 生物多样性效益指数是世界银行世界发展指标（World Development Indicators，WDI）的一个综合指数，该指数根据各个国家的代表性物种及其生存受威胁的状况，还有物种栖息地种类的多样性等计算得出。其数值已经过规范化，阈值是 0～100，0 代表无生物多样性潜力，100 表示生物多样性潜力最大。

[2] BOD 是 Biochemical Oxygen Demand，即生化需氧量的简写。

入具体评价指标。城乡生态文明建设有不同情况需要面对，单独针对城市或农村相关领域的数据也不多见。世界银行数据库中，农村人口获得安全饮用水源的数据已经不再更新发布。在已有的一些统计数据来源中，发达国家因为农村的基本生活条件、收入水平都大大高于后发国家、不发达国家，完全没有相关统计数据，无法展开横向比较。

协调程度领域，依据各国生活垃圾循环利用率、回收率等数据，可以评价循环社会的建设状况。但联合国数据库中，相关指标覆盖的样本量少，且数据缺乏连贯性，有澳门和香港数据，但没有中国内地的统计数据，故暂未使用。经济社会发展与自然生态、环境、资源的协调情况，还可以依据工业废弃物（如废渣、废水的循环再利用）等展开量化评价，但也缺少权威数据支撑。矿藏等其他自然资源利用的量化统计数据，更是匮乏。对协调程度的衡量，最好是基于环境容量、生态承载力等展开，但目前也受限于权威统计数据的缺失。

与其他侧重绿色发展或环境绩效的国际指标体系相比，生态文明建设国际比较指标体系具有较好的综合性，兼顾了生态、环境状况、社会发展情况，以及社会发展与自然保护协调关系的考察。该指标体系对生态和环境进行了较好的区分，生态文明建设不能等同于生态保护或环境治理，避免了将生态文明建设片面化理解的做法，同时没有忽略社会事业的进步和发展对生态文明建设的积极意义。该指标体系还有一个突出特点，强调社会发展与生态维护、环境保护、资源取用的相互协调。

二　指标体系的设置原则

生态文明建设国际比较指标体系的设置，遵循权威性、代表性和导向性的基本原则。

权威性原则。生态文明国际比较指标体系通过将各国生态文明建设水平及速度进行量化，展开分析评价。评价原始数据均来自联合国、世界银行、OECD 等国际组织公布的统计资料，保证了评价数据统计来源和口径尽可能一致。

代表性原则。考察领域的划分应有充分的理论依据，具体指标的选取要有典型性和显示度，能够较好地反映相关建设领域的实际情况。各具体指标既应有相对独立性，又应有一定的相关性。

导向性原则。生态文明建设有其特点和规律，评价的领域应与建设目标对接，应体现生态系统完整、平衡、健康的要求，体现大尺度环境要素——空气、土地等污染程度低或无污染的要求，体现社会发展富足、公平、循环、低碳的要求，体现人类社会发展走可持续道路、人与自然和谐共存的要求。

三　具体指标的选取

课题组选取了 18 个三级指标纳入评价体系。

1. 生态活力类

生态活力考察领域选取了森林覆盖率、森林单位面积蓄积量、草原覆盖率、自然保护区面积比例 4 个指标。上述指标着重考察森林生态系统的质量、草原生态系统状况，以及生物多样性、陆地及海洋各类生态系统保护状况。

森林是最有代表性的陆地生态系统之一，是衡量生态状况的首选依据。森林主要由乔木组成，与其他植物、动物、菌类等共同形成生物群落，森林中的各类生物与其环境相互作用、相互影响形成森林生态系统。森林的生态效益丰富多样，包括涵养水源、保持水土、防风固沙、调节气候、净化空气、消除噪音等。通过对森林覆盖率和森林单位面积蓄积量的考察，能从数量与质量两个方面较好地直接反映森林的整体状况，间接反映一个国家的森林碳汇能力大小、水土流失治理状况等。

草原是重要的陆地生态系统，既是生态屏障，又是畜牧业发展的自然基础。草原以草本植物为主体，相应生物群落与其环境构成草原生态系统。草原生态系统同样拥有多样的生态效益，尤以防风、固沙固土、涵养水源等功能最为突出。草原生态系统易面临退化、盐碱化和沙化等生态问题的威胁，也容易受到气候变化等问题的影响，还会受到盲目开垦、畜牧过载、掠夺性开采等人类经济活动的破坏。草原覆盖率水平及变化，能反映一个国家草原生态系统的资源现状和保护状况。

自然保护区被人们称为"天然基因库"和"天然实验室",因为自然保护区的设立是保护生物多样性最有效的措施,同时也是展开自然生态系统研究的最佳场所。自然保护区对于典型、濒危物种和生态系统的保护有重要意义,为观察自然和人为的生态演替、监测环境质量变化等提供了独特的研究条件。自然保护区面积比例指标是国家级陆地自然保护区面积加上海洋保护区面积占国土面积的比例,同时兼顾了内陆国家和有海岸线的国家在生态保护、生物多样性方面的考察。

2. 环境质量类

环境质量考察领域选取了 PM2.5 年均浓度、安全管理卫生设施普及率、化肥施用强度、农药施用强度 4 个指标,分别侧重对空气质量、水质状况和土壤污染程度的评价。

本书选取国家层面的 PM2.5 年均浓度作为空气质量考察的指标。PM2.5 年均浓度可以表征空气质量状况,也可以反映空气质量污染对民众健康带来的压力。PM2.5 已成为世界各国重视的主要空气污染物,是当下空气质量高低、空气污染治理效果好坏的重要监测指标,与民众对环境空气质量的感受直接相关。相较于臭氧、二氧化氮和二氧化硫等其他主要空气污染物,PM2.5 有相对连续完整、同一来源的国际比较数据,故纳入比较指标体系。2005 年,世界卫生组织发布了针对细颗粒物和可吸入颗粒物的空气质量准则值及过渡时期目标值,使空气质量相关指标的年均浓度有了明确的准则值(见表 2 - 1)。多项研究表明,PM2.5 携带大量的重金属和有机污染物,对心血管、呼吸系统甚至大脑等人体器官,以及人体免疫系统等都有不同程度的危害。根据世界银行统计数据,2016 年全世界范围内有超过 95% 的人口生活在 PM2.5 年均浓度未达标地区。

表 2 - 1 世界卫生组织空气质量准则值及过渡时期目标值[*]

颗粒物		准则值	过渡时期目标 - 3	过渡时期目标 - 2	过渡时期目标 - 1
PM2.5（微克/立方米）	年平均浓度	10	15	25	35
	24 小时平均浓度	25	37.5	50	75

续表

颗粒物		准则值	过渡时期目标 – 3	过渡时期目标 – 2	过渡时期目标 – 1
PM10（微克/立方米）	年平均浓度	20	30	50	70
	24 小时平均浓度	50	75	100	150

　　* 过渡时期目标值的确定意在为评价各国持续采取措施降低空气污染的努力提供参考。世界卫生组织：《关于颗粒物、臭氧、二氧化氮和二氧化硫的空气质量准则（2005 年全球更新版）风险评估概要》，2006 年，http：//apps. who. int/iris/bitstream/handle/10665/69477/WHO＿SDE＿PHE＿OEH_06. 02_chi. pdf；sequence = 3。

　　水是生命之源，水质是衡量环境质量高低的重要标准。因没有直接反映各国水质的数据，课题组借鉴环境绩效指数（EPI）选取水质状况指标的思路，选用安全管理卫生设施普及率间接反映人居环境与污水处理的关系①。该指标考察了人居环境中基本卫生设施的建设和管理状况。拥有管理良好的卫生设施，人类聚居区域内的排泄物可以得到妥善处置。例如，接入下水系统集中处理，或就地进行卫生处理，减少对地表、地下径流等的污染。

　　土地是人类生存和发展的基础，是以人为中心的环境的根本要素之一。土地质量状况可以通过土地使用、土地用途变化、土壤和植物养分等指标来评价②，但土地退化方面缺少样本量较大、时间连贯的各国统计数据，土壤污染程度方面也缺少各国直接对应的统计数据。化肥施用强度和农药施用强度是从土地耕作使用的角度，以逆向形式来评价土地污染状况的指标。化肥施用强度和农药施用强度过高都容易对土壤环境形成负面影响，并对水体、大气以及生态系统造成污染和破坏。

① Yale Center for Environmental Law & Policy, Yale University; Center for International Earth Science Information Network, Columbia University; the World Economic Forum. 2018 Environmental Performance Index. https：//epi. envirocenter. yale. edu/downloads/epi2018policymakerssummaryv 01. pdf.

② World Bank, United Nations Environment Programme, United Nations Development Programme, Food and Agriculture Organization of United Nations. Land Quality Indicators and Their Use in Sustainable Agriculture and Rural Development: Proceedings of the Workshop. 25 – 26 January 1996. http：//www. fao. org/docrep/W4745E/w4745e00. htm#Contents.

3. 社会发展类

社会发展考察领域选取了人均 GNI、服务业附加值占 GDP 比例、城镇化率、高等教育入学率和出生时的预期寿命 5 个指标。上述指标着重考察社会经济发展水平、产业结构、城镇化发展、教育投入和发展、社会医疗卫生发展等方面。指标设置参考了联合国环境规划署的人类发展指数,从健康、教育、生活的体面标准三个维度,使用出生时的预期寿命、受教育情况和人均 GNI 来考察一个国家的发展水平[①]。

人均 GNI 指标用于考察各国经济发展状况和人民生活水平。经济发展状况直接反映社会进步程度。生态文明建设以生态改善和社会进步为共同目标,寻求两者的同步可持续发展。故而在生态文明建设评价中,对经济发展状况的考察不可或缺。诚然,社会进步的重要方面还包括一定的国民生活水平。在追求社会发展与生态系统共赢的生态文明建设图景中,社会经济的持续发展和繁荣、较高的民众生活水平并持续提升是不可或缺的。人均 GNI 指标同时也能反映国民生活水平高低。

服务业附加值占 GDP 比例用于考察社会经济发展中的产业结构状况。生态文明建设要求在社会生产中提高物质性生产资料的使用效率,提倡社会经济发展的生态化。服务业与农业和工业相比更多是提供过程类、体验类产品或服务。提升服务业附加值占 GDP 比例,有助于提高经济效率,降低能耗。

城镇化是衡量一个国家或地区现代化程度最重要的标志之一,代表了人类文明的普遍发展趋势,以生活在城镇的人口占整体人口的比重来体现。生态文明建设要求实现社会发展结构的生态化。城镇化通过卫生厕所和清洁饮用水等基础设施的普及和完备,垃圾、废水等生产生活废物的集中收集和处理,水电热等资源的集中供应,公共交通网络的完善等,推动社会发展的生态化。

高等教育入学率指标用于衡量各国教育发展状况。教育在生态文明建设中发挥着重要作用,有助于培育生态公民,培养公民的生态环保意识,

---

① United Nations Development Programme. Human Development Reports. http://hdr. undp. org/en/content/human – development – index – hdi.

明确人类面临的生态危机，知晓环境污染的成因，探索生态文明建设过程中各种利益冲突的解决途径等。一般认为，环境保护教育状况可以通过教育经费投入占 GDP 比重、居民人均受教育年限等指标衡量，但难以获取包含中国的国际数据，相关指标暂未选用。

出生时的预期寿命是反映社会发展水平的典型指标。该指标能够反映一个国家或地区的人口生存状况与环境质量的关系，衡量居民健康水平和社会生活质量高低。该指标同时也能够体现经济社会发展水平，尤其是医疗卫生状况。

4. 协调程度类

协调程度领域选取了单位 GDP 能耗、化石能源消费比例、单位 GDP 水资源效率、淡水抽取比例、单位 GDP 二氧化碳排放量 5 个指标。上述指标着重考察能源使用效率、能源消费结构、水资源利用效率、水资源开发强度、二氧化碳排放强度。协调程度的量化评价旨在考察经济社会发展与生态、环境、资源的协调发展与良性互动状况，强调资源高效、循环利用在生态文明建设中的地位和作用，体现生态文明建设的"和谐"本质。

单位 GDP 能耗考察的是每千美元 GDP 产值对应的标准石油当量的能源消耗量，反映了能源消耗的经济效益。单位 GDP 能耗与产业结构、能源消费结构、生产方式、消费模式、技术水平、贸易结构等因素相关。单位 GDP 能耗的变化与经济规模变化和能源消耗总量的关系紧密相关，当经济规模增长速度大于能源消耗总量增长速度时，单位 GDP 能耗变化也呈下降趋势，此时能源消耗与经济增长处于相对脱钩状态；当能源消耗总量持续下降、经济规模仍持续扩大时，单位 GDP 能耗呈下降态势，同时能源消耗与经济增长是绝对脱钩关系。

化石能源消费比例指标用以考察能源消费结构状况，一定程度上弥补单位 GDP 能耗指标仅从使用强度衡量协调程度的不足。生态文明倡导绿色生产和绿色消费，倡导减少化石能源消费量，以减少二氧化碳及其他温室气体排放。这一指标能显示各国化石能源消费状况，显示整个社会在减少化石能源消费方面所作努力的成效，反过来也能显示新能源及核能消费比重的高低。低碳发展要求在社会生产结构中减少高耗能产业，提高可再生及清洁能源消费比重，采用高效能源开采、转换技术以及节能降耗技术等。在生活方式领域，低碳发展要求公众转变消费观念和行为方式，选用节能高效产品、新能源产品。

单位 GDP 水资源效率反映了社会经济发展过程中，消耗每立方米淡水资源对应的 GDP 产值，反映了淡水资源利用的经济效益。水资源是人类赖以生存的基本资源，在全球范围内，由于气候变化和经济增长方式落后等，许多国家和地区不同程度地面临日益严重的水资源危机，遭遇诸如淡水资源紧缺、水源污染、水质恶化等问题。随着人口的不断增长，消费方式的升级变化，人类社会对水资源的需求有增无减，需求量在全球范围内正以每年 1% 的速度增长。但在理论上，全球范围可以节约的用水量甚至大于预估的需水量①。生态文明建设要求改变低效利用水资源的粗放模式，重视水资源的重复利用，提高水资源利用效率和效益。

淡水抽取比例考察一个国家年度淡水抽取量占其内部水资源的比重。该指标弥补了单位 GDP 水资源效率指标仅从经济发展水平和水资源利用总量关系的角度考察水资源利用效率的不足。该指标反映了基于自然本底的水资源利用强度。对于水资源匮乏国家，水资源是事关国家安全的因素，对粮食生产、人居环境等的改善至关重要。通过加强水资源管理，限制过度开发，加强回收和循环利用，解决水资源分布的时间和空间不均衡问题，是生态文明建设的重要内容。

单位 GDP 二氧化碳排放量指标用于衡量一个国家经济社会发展活动中二氧化碳排放强度大小，具体体现为每产出 1 美元 GDP 的二氧化碳排放量。二氧化碳是最主要的温室气体，因人类活动而不断增加排放的二氧化碳是导致全球暖化的主要因素②。生态文明建设不仅着眼于局部地区和个别国家的生态改善和环境好转，也关注人类共同的未来。

---

① 《联合国世界水资源开发报告 2018：基于自然的水资源解决方案》（执行摘要），联合国世界水资源评估计划（WWAP），2018，https://unesdoc.unesco.org/ark:/48223/pf0000261594_chi。

② Adolf Stips, Diego Macias, Clare Coughlan, et al. On the Causal Structure between CO_2 and Glojibal Temperature. Scientific Reports 6：21691. 2016. https://www.nature.com/articles/srep21691.

在共同而有区别的责任前提下，不论发达国家还是发展中国家，都应担负减排的相应责任，减缓全球气候变化给人类带来的灾难性影响。

第三节　体系框架

生态文明建设国际比较指标体系框架的构建，兼顾了水平和进展两个方面的考察，以生态文明建设指数为一级指标，下设生态活力、环境质量、社会发展、协调程度四个二级指标，以及森林覆盖率等18个三级指标。采用联合国和世界银行等国际组织发布的原始数据，可以计算获得包括中国在内的世界大部分国家的生态文明建设水平指数和生态文明进步指数。

一　指标体系框架

在上述设计思路的基础上，课题组曾构建生态文明建设国际比较指标体系 ECI 2014 和 ECI 2015，2014 年在国内首次实现对 109 个国家生态文明建设水平的量化评价[①]，2015 年将评价样本扩展至 111 个国家[②]。2016 年集中考察了包括中国在内的金砖国家及经济合作与发展组织（OECD）34 个成员国的生态文明指数[③]。该指标体系主要应用于中国生态文明建设水平的国际比较，但一些指标在时间跨度上缺少延续性，未能实现中国生态文明建设的纵向比较，对发展状况的评价不足。

为纵向考察各国生态文明建设进展情况，课题组还曾构建生态文明进步指数国际版（IECPI），对中国与 OECD 国家的生态文明建设状况进行了比较[④]。该指标体系与水平评价指标相对应，通过考察评价年与对比年的变化情况，明确各国生态文明的发展速度，将速度评价与水平评价相结

① 严耕等：《中国省域生态文明建设评价报告（ECI 2014）》，社会科学文献出版社，2014，第二章。
② 严耕等：《中国省域生态文明建设评价报告（ECI 2015）》，社会科学文献出版社，2015，第二章。
③ 严耕等：《中国省域生态文明建设评价报告（ECI 2016）》，社会科学文献出版社，2017，第二章。
④ 严耕等：《中国生态文明建设发展报告 2015》，北京大学出版社，2016，第四章。

合。为进一步加强水平和速度的国际比较，课题组调整和完善已有指标体系框架，使用同一套指标体系对国际生态文明建设水平（使用截面数据）和发展速度（使用时间序列数据）展开评价①。考察对象集中于 20 国集团（G20）中包含中国在内的经济体。该指标体系的指标选取较为精练，但指标数量偏少，个别指标也面临原始数据无法持续获取的困难。此外，评价样本也偏少，仍有拓展的空间。

基于已有研究成果和有待进一步解决的问题，课题组此次在收集和梳理数据的基础上，针对中国生态文明建设的国际比较，从生态活力、环境质量、社会发展、协调程度四个方面展开，设置了国际生态文明建设指标体系框架 IECI（见表 2-2），以更全面、客观地将中国置于世界各国进行生态文明建设评价。

该指标体系可以用于考察各国生态文明建设进展，以不同统计年份的原始数据为计算依据，考察各国不同统计年份数据的变化情况，即可以实现发展速度比较，获得各国的生态文明建设进步指数（International Ecological Civilization Progress Index，IECPI）。同时，也可以用于考察各国生态文明建设水平，以相同统计年份的原始数据为依据，计算出各国的得分，可获得各国的相对排名，确定各国生态文明水平，获得生态文明建设水平指数（International Ecological Civilization Index，IECI）。

表 2-2　国际生态文明建设评价指标体系

一级指标	二级指标	考察领域	三级指标	
			水平指标	进展指标
国际生态文明建设指数（IECI/IECPI）	生态活力	森林生态系统	1. 森林覆盖率	1. 森林面积增长率
			2. 森林单位面积蓄积量	2. 森林总蓄积量增长率
		草原生态系统	3. 草原覆盖率	3. 草原面积增长率
		生物多样性及栖息地	4. 自然保护区面积比例	4. 自然保护区面积增长率

---

① 樊阳程等：《国际视野下我国生态文明的建设现状与任务》，《中国工程科学》2017 年第 4 期，第 6~12 页。

续表

一级指标	二级指标	考察领域	三级指标	
			水平指标	进展指标
国际生态文明建设指数（IECI/IECPI）	环境质量	空气质量	5. PM2.5 年均浓度	5. PM2.5 年均浓度下降率
		水体质量	6. 安全管理卫生设施普及率	6. 安全管理卫生设施普及增长率
		土壤质量	7. 化肥施用强度	7. 化肥施用强度下降率
			8. 农药施用强度	8. 农药施用强度下降率
	社会发展	经济发展	9. 人均 GNI	9. 人均 GNI 增长率
		产业结构	10. 服务业附加值占 GDP 比例	10. 服务业附加值占 GDP 比例增长率
		国土布局	11. 城镇化率	11. 城镇化增长率
		教育状况	12. 高等教育入学率	12. 高等教育入学增长率
		医疗卫生	13. 出生时的预期寿命	13. 出生时的预期寿命增长率
	协调程度	能源效率	14. 单位 GDP 能耗	14. 单位 GDP 能耗下降率
		能源结构	15. 化石能源消费比例	15. 化石能源消费比例下降率
		水资源效率	16. 单位 GDP 水资源效率	16 单位 GDP 水资源效率增长率
		水资源压力	17. 淡水抽取比例	17. 淡水抽取比例下降率
		气候变化应对	18. 单位 GDP 二氧化碳排放量	18. 单位 GDP 二氧化碳排放量下降率

二 指标解释与数据来源

国际生态文明建设指标体系在水平指标和进展指标方面各有 18 项三级指标，各三级指标的具体含义、指标属性、计算方法与数据来源如下。

（一）生态活力考察领域

1. 森林覆盖率：指森林面积占一个国家土地面积的百分比（该指标属性为正指标[①]）。

计算方法：森林覆盖率 = 森林面积 ÷ 土地总面积 × 100%。

数据来源：世界银行。

森林面积增长率：指森林面积占一个国家土地面积的百分比提高的比率（该指标为正指标）。

---

① 正指标是原始数据值越大，得分越高的指标。逆指标是原始数值越大，得分越低的指标。

计算方法：森林面积增长率 =（本年森林面积÷对比年森林面积 - 1）×100% 。

数据来源：世界银行。

2. 森林单位面积蓄积量：指单位面积森林中各种活立木的材积量（该指标为正指标）

计算方法：森林单位面积蓄积量 = 森林总蓄积量÷森林总面积。

数据来源：联合国粮农组织。

森林总蓄积量增长率：指一个国家总森林蓄积量提高的比率（该指标为正指标）。

森林总蓄积量增长率 =（本年森林总蓄积量÷对比年森林总蓄积量 - 1）×100% 。

3. 草原覆盖率：指草原面积占一个国家土地面积比例（该指标为正指标）

计算方法：草原覆盖率 = 草原面积÷土地总面积×100% 。

数据来源：联合国粮农组织。

草原面积增长率：指草原面积占一个国家土地面积比例的增长率（该指标为正指标）。

计算方法：草原面积增长率 =（本年草原面积÷对比年草原面积 - 1）×100% 。

数据来源：联合国粮农组织。

4. 自然保护区面积比例：面积达到 1000 公顷以上的国家级陆地及海洋保护区面积占国土面积的百分比（该指标为正指标）。

计算方法：自然保护区面积比例 = 国家自然保护区面积÷国土总面积×100% 。

数据来源：世界银行。

自然保护区面积增长率：国家级陆地和海洋保护区占国土面积的百分比提高的比率（该指标为正指标）。

计算方法：自然保护区面积增长率 = 本年国家级自然保护区面积占国土面积比重÷对比年国家级自然保护区面积占国土面积比重 - 1）×100% 。

数据来源：世界银行。

（二）环境质量考察领域

5. PM2.5年均浓度：指的是能够深入呼吸道内和导致严重健康损害的直径小于2.5微米（PM2.5）的微小悬浮颗粒物的年均浓度（该指标为逆指标）。

计算方法：直接引用统计数据。

数据来源：世界银行。

PM2.5年均浓度下降率：指的是PM2.5年均浓度下降的水平（该指标为正指标）。

计算方法：（1 - 本年PM2.5年均浓度 ÷ 对比年PM2.5年均浓度）× 100%。

数据来源：世界银行。

6. 安全管理卫生设施普及率：指拥有改进的独立卫生设施①人数占人口总数的百分比（该指标为正指标）

计算方法：直接引用拥有安全管理卫生设施人口比例统计数据。

数据来源：世界银行。

安全管理卫生设施普及增长率：指拥有改进的独立卫生设施的人口比重提升率（该指标为正指标）。

计算方法：安全管理卫生设施普及增长率 =（本年拥有安全管理卫生设施人口比例增长率 ÷ 对比年拥有安全管理卫生设施人口比例增长率 - 1）× 100%。

数据来源：世界银行。

7. 化肥施用强度：指国土面积内单位耕地面积的化肥施用量（本指标为逆指标）。

计算方法：化肥施用强度 = 化肥施用量 ÷ 耕地面积。

数据来源：世界银行。

化肥施用强度下降率：指国土面积内单位耕地面积的化肥施用量下降水平（该指标为正指标）。

---

① 独立指不与其他家庭共用，改进的卫生设施包括接入管道下水道系统、化粪池或坑式厕所等。

计算方法：化肥施用强度下降率 =（1 - 本年化肥施用强度÷对比年化肥施用强度）×100%。

数据来源：世界银行。

8. 农药施用强度：指国土面积内单位耕地面积的农药施用量（该指标为逆指标）。

计算方法：农药施用强度 = 农药施用量÷耕地面积。

数据来源：联合国粮农组织。

农药施用强度下降率：指不同年份国土面积内单位耕地面积的农药施用量下降的比率（该指标为正指标）。

计算方法：农药施用强度下降率 =（1 - 本年农药施用强度÷对比年农药施用强度）×100%。

数据来源：联合国粮农组织。

（三）社会发展考察领域

9. 人均 GNI：人均 GNI 是国民总收入除以年中人口数。国民总收入（Gross Nation Income，GNI[①]）指所有居民生产者创造的增加值的总和，并加上未统计在产值估计中的任何产品税（减去补贴），以及来自境外营业的原始收入（雇员薪酬和财产收入）的净收益（该指标为正指标）。

计算方法：直接引用统计数据（人均 GNI = 国内生产总值÷年中人口总数）。

数据来源：世界银行。

人均 GNI 增长率：不同年份人均 GNI 提高的比率（该指标为正指标）。

计算方法：人均 GNI 增长率 =（本年人均 GNI÷对比年人均 GNI - 1）×100%。

数据来源：世界银行。

10. 服务业附加值占 GDP 比例：指包括批发和零售（含酒店和餐厅）、运输、政府、金融、专业及个人服务（如教育、医疗和房地产服务）的增

---

① GNI 即原来的国民生产总值 GNP（Gross National Product），在联合国等颁布的 1993 年国民经济核算体系（1993SNA）中统计术语 GNP 被 GNI 取代。https://unstats.un.org/unsd/nationalaccount/sna1993.asp。

加值占 GDP 的比例，增加值指一个部门所有产出相加后减去中间投入的净产出（该指标为正指标）。

计算方法：直接引用统计数据。

数据来源：世界银行。

服务业附加值占 GDP 比例增长率：不同年份服务业附加值占 GDP 比例提高的比率（该指标为正指标）。

计算方法：服务业附加值占 GDP 比例增长率 =（本年服务业附加值占 GDP 比例÷对比年服务业附加值占 GDP 比例）×100%。

数据来源：世界银行。

11. 城镇化率：指城镇人口占总人口比例（该指标为正指标）

计算方法：城镇化率 = 城镇人口数÷人口总数×100%。

数据来源：世界银行。

城镇化增长率：指城镇人口占总人口比例提升的比率（该指标为正指标）。

计算方法：城镇化增长率 =（本年城镇化率÷对比年城镇化率）×100%。

数据来源：世界银行。

12. 高等教育入学率：指按国际教育标准分类法，不论年龄大小的大学[①]在校生总数占中学之后 5 学年学龄人口总数的百分比（该指标为正指标）。

计算方法：直接引用统计数据。

数据来源：世界银行。

高等教育入学增长率：不同年份高等教育入学率提升的比率（该指标为正指标）。

计算方法：高等教育入学增长率 =（本年高等教育入学率÷对比年高等教育入学率）×100%。

[①] 该原始数据中的大学阶段，按国际教育标准分类法（ISCED），包括 5 级教育和 6 级教育。5 级教育即基于实用和特定职业培训、直接面向就业的短线高等教育，以及低于学士的学术性高等教育课程，如社区大学教育、技师或高级职业培训、副学士等。6 级教育即学士或同等水平教育。不包括 7 级，即硕士或同等水平，也不包括 8 级，即博士或同等水平。详见联合国教科文组织（UNESCO）、联合国教科文组织统计研究所（UIS）《国际教育标准分类法 2011》，2013，http://uis.unesco.org/sites/default/files/documents/isced-2011-ch.pdf.

数据来源：世界银行。

13. 出生时的预期寿命：出生时预期寿命指假定出生时的死亡率模式在一生中保持不变，新生儿可能生存的年数（该指标为正指标）

计算方法：直接引用统计数据。

数据来源：世界银行。

出生时的预期寿命增长率：不同年份出生时的预期寿命提高的程度（该指标为正指标）。

计算方法：出生时的预期寿命增长率 =（本年出生时的预期寿命÷对比年出生时的预期寿命 – 1）×100%。

数据来源：世界银行。

（四）协调程度考察领域

14. 单位 GDP 能耗：指每千国际美元 GDP 对应的石油当量的能源消耗量。GDP 以 2011 年不变价按 PPP 计算。国际美元对 GDP 的购买力相当于美元在美国的购买力（该指标为逆指标）。

计算方法：直接引用统计数据。

数据来源：世界银行。

单位 GDP 能耗下降率：指不同年份单位 GDP 产出对应的石油当量的能源消耗量下降的比率（该指标为正指标）。

计算方法：单位 GDP 能耗下降率 =（1 – 本年单位 GDP 能耗÷对比年单位 GDP 能耗）×100%。

数据来源：世界银行。

15. 化石能源消费比例：指煤、原油、成品油和天然气产品占能源消费总量的比重（该指标为逆指标）

计算方法：直接引用统计数据。

数据来源：世界银行。

化石能源消费比例下降率：指不同年份煤、原油、成品油和天然气产品占能源消费总量比例的下降率（该指标为正指标）。

计算方法：化石能源消费比例下降率 =（1 – 本年化石能源消费比例÷对比年化石能源消费比例）×100%。

数据来源：世界银行。

16. 单位 GDP 水资源效率：指每立方米淡水资源消耗所对应产生的 GDP（该指标为正指标）。

计算方法：直接引用统计数据。

数据来源：世界银行。

单位 GDP 水资源效率增长率：指不同年份每立方米淡水消耗所产生的 GDP 提高的程度（该指标为正指标）。

计算方法：单位 GDP 水资源效率增长率 =（本年水资源利用效率÷对比年水资源利用效率 − 1）×100%。

17. 淡水抽取比例：指年度淡水抽取量（包含来自咸水淡化厂的水）占水资源总量的比重（该指标为逆指标）

计算方法：直接引用统计数据。

数据来源：世界银行。

淡水抽取比例下降率：指年度淡水抽取量（包含来自咸水淡化厂的水）占水资源总量比重的下降比率（该指标为正指标）。

计算方法：淡水抽取比例下降率 =（1 − 本年淡水抽取比例÷对比年淡水抽取比例）×100%。

数据来源：世界银行。

18. 单位 GDP 二氧化碳排放量：指一美元 GDP 产出所排放的二氧化碳重量。二氧化碳排放量是化石燃料燃烧和水泥生产过程中产生的排放，它们包括消费固态、液态和气态燃料以及天然气燃烧时产生的二氧化碳（该指标为逆指标）。

计算方法：直接引用统计数据。

数据来源：世界银行。

单位 GDP 二氧化碳排放量下降率：指一美元 GDP 产出所排放的二氧化碳重量下降的比率（该指标为正指标）。

计算方法：单位 GDP 二氧化碳排放量下降率 =（1 − 本年单位 GDP 二氧化碳排放量÷对比年单位 GDP 二氧化碳排放量）×100%。

数据来源：世界银行。

三 生态文明建设国际比较指数算法

构建生态文明建设国际比较指标体系的直接目的，是要实现中国生态文明建设进展的量化评价比较。实现比较的关键是获取量化评价的结果，也即通过计算获得相关指数。故而，算法在评价中有基础性地位和作用。

1. 生态文明建设水平指数算法

以人与自然的和谐为目标，生态文明建设水平的提升是永无止境的。生态文明建设国际比较水平指标体系（IECI）设定三级指标的基准值，通过计算实际值与基准值的比值得到三级指标指数得分。各级指标得分加权求和得到上一级指标的指数得分。

（1）明确指标属性

在水平指标体系中，根据各指标解释和具体含义，以及原始数据的可得性等因素，结合专家咨询意见，将反映环境空气质量的 PM2.5 年均浓度，反映土壤质量的化肥施用强度、农药施用强度，反映能源效率的单位 GDP 能耗，反映能源结构的化石能源消费比例，反映水资源压力的淡水抽取比例，以及反映气候变化应对的单位 GDP 二氧化碳排放量 7 项三级指标设为逆指标。其余 11 项三级指标均为正指标（见表 2 - 3）。在计算指数得分过程中，正指标的原始数据数值越大，得分越高；逆指标的原始数据数值越小，得分越高。

（2）指标体系权重分配

指标体系中四项二级指标及 18 项三级指标的权重，参考德尔菲法，在广泛征求专家意见的基础上进行了赋值（见表 2 - 3）。生态文明建设以生态优先，生态系统作为支撑人类生存和发展的根本，应给予足够重视，故而赋予 30% 的最高权重。生态文明建设的关键在于通过提高资源利用效率、减少污染排放等手段促进人类社会发展与自然生态系统的协调程度，协调程度二级指标在总体得分中也占据 30% 的最高权重。环境质量提升是生态文明建设的重要方面，关系到大众对生态文明建设成果的直观感受，故赋予 25% 的较高权重。生态文明建设要以人为本，社会发展在其中不可偏废，但鉴于生态文明建设的重点在于生态、环境和资源领域，故社会发展领域权重略低，为15%。专家们根据三级指标对应考察领域的重要性，分别赋予1~6分不等的权重分。根据三级指标所属的二级指标的权重值和其他三级指标的权重分，即可确定三级指标在整个指标体系中的权重值大小。

（3）三级指标的基准值

生态文明建设是一个逐步推进的过程，要为其确定绝对的建设标准尚面临很多困难。例如，在生态系统活力方面，因各国自然禀赋差异，统一的量化标准未必得当。但为更好地展开评价和引导建设，仍可以从生态文明建设朝更高的文明发展水平、更高质量的人类生活水平这一侧面出发，以21个公认发达国家[①]的建设平均值，以及世界卫生组织等的标准作为参照，设定量化评价的相对标准值。课题组基于上述标准为具体建设领域的18个三级指标设立了建设水平基准值（见表2-3）。正指标的基准值指达到此数值之上为达到同期世界先进水平。逆指标的基准值指低于此数值为达到同期世界先进水平。

表2-3　生态文明建设水平国际比较指标属性、权重及基准值

一级指标	二级指标		三级指标					基准值依据
	水平指标	权重值（%）	水平指标	指标属性	权重分（分）	权重值	IECI基准值	
国际生态文明建设水平指数（IECI）	生态活力	30	1. 森林覆盖率（%）	正指标	4	8.57	35.89	21个发达国家平均值
			2. 森林单位面积蓄积量（立方米/公顷）	正指标	2	4.29	207.94	21个发达国家平均值
			3. 草原覆盖率（%）	正指标	4	8.57	23.17	21个发达国家平均值
			4. 自然保护区面积比例（%）	正指标	4	8.57	20.03	21个发达国家平均值

---

① 21个公认发达国家为北美的美国、加拿大，亚洲的日本和韩国，欧洲的爱尔兰、奥地利、比利时、丹麦、德国、法国、芬兰、荷兰、卢森堡、挪威、葡萄牙、瑞典、瑞士、西班牙、英国，大洋洲的澳大利亚、新西兰。上述国家属于世界银行划分的高收入经济体，并属于联合国人类发展指数得分较高的国家，归属国际货币基金组织发达经济体，是经济合作与发展组织成员国。

续表

一级指标	二级指标		三级指标					基准值依据
	水平指标	权重值（%）	水平指标	指标属性	权重分（分）	权重值	IECI基准值	
国际生态文明建设水平指数（IECI）	环境质量	25	5. PM2.5年均浓度（微克/立方米）	逆指标	4	10.00	10.00	世界卫生组织空气质量准则值
			6. 安全管理卫生设施普及率（%）	正指标	2	5.00	88.99	21个发达国家平均值
			7. 化肥施用强度（千克/公顷）	逆指标	2	5.00	225.00	国际公认安全上限
			8. 农药施用强度（千克/公顷）	逆指标	2	5.00	4.89	21个发达国家平均值
	社会发展	15	9. 人均GNI（2010年不变价美元）	正指标	5	5.00	50497.86	21个发达国家平均值
			10. 服务业附加值占GDP比例（%）	正指标	4	4.00	65.95	21个发达国家平均值
			11. 城镇化率（%）	正指标	2	2.00	82.11	21个发达国家平均值
			12. 高等教育入学率（%）	正指标	2	2.00	74.39	21个发达国家平均值
			13. 出生时的预期寿命（岁）	正指标	2	2.00	81.73	21个发达国家平均值
国际生态文明建设水平指数（IECI）	协调程度	30	14. 单位GDP能耗（千克/千美元＊）	逆指标	5	8.82	101.75	21个发达国家平均值
			15. 化石能源消费比例（%）	逆指标	2	3.53	70.60	21个发达国家平均值

一级指标	二级指标		三级指标					基准值依据
	水平指标	权重值（%）	水平指标	指标属性	权重分（分）	权重值（%）	IECI 2022 年基准值	
国际生态文明建设水平指数（IECI）	协调程度	30	16. 单位 GDP 水资源效率（美元/千克**）	正指标	4	7.06	303.30	21 个发达国家平均值
			17. 淡水抽取比例（%）	逆指标	2	3.53	17.70	21 个发达国家平均值
			18. 单位 GDP 二氧化碳排放量（千克/2011 年不变价美元 GDP）	逆指标	4	7.06	0.20	21 个发达国家平均值

* 为 2011 年不变价美元。下同。

** 为 2010 年不变价美元。下同。

（4）指数计算公式

水平指数三级指标计算公式如下：

正指标：$Y_i = X_i \div X_I \times 100$ （$0 \leqslant Y_i \leqslant 100$）

逆指标：$Y_i = X_I \div X_i \times 100$ （$0 \leqslant Y_i \leqslant 100$）

Y_i 为三级指标指数得分，X_i 为第 i 个指标的实际值，X_I 为第 i 个指标的基准值。当计算得到的指数数值大于 100 时，Y_i 取值 100。当计算得到的指数数值小于 0 时，Y_i 取值为 0。

对三级指标指数进行加权求和，可以得到 4 个二级指标的指数得分。二级指标指数的计算公式为：

$$F_j = \frac{\sum_{i=m_j}^{n_j} W_i Y_i}{\sum_{i=m_j}^{n_j} W_i} (j = 1,2,3,4)$$

F_j 为二级指标指数得分，Y_i 为三级指标指数得分，W_i 为第 i 个指标 X_i 的权数。m_j 为第 j 个二级指标中第一个评价指标在整个评价体系中的序号，n_j 为第 j 个二级指标中最后一个评价指标在整个评价指标体系中的序号。

生态文明建设国际比较水平指数的计算公式为：

$$Z = F_1 \times \sum_{i=1}^{4} W_i + F_2 \times \sum_{i=5}^{8} W_i + F_3 \times \sum_{i=9}^{13} W_i + F_4 \times \sum_{i=14}^{18} W_i$$

Z 为生态文明建设国际比较水平指数（IECI），W_i 为第 i 个指标 X_i 的权数。

（5）样本国家的确定

因数据缺失问题，中国并不能与全球所有国家同时展开生态文明建设的量化比较。一个国家的三级指标数据整体缺失率低于40%，以及每一个二级指标下的三级指标缺失率低于40%才能纳入样本库参与量化评价。经过数据筛选，基于最新获取的数据，包括中国在内，最后纳入生态文明建设水平评价的国家数目为117个。因统计制度不完善，或统计口径不一致，许多发展中国家相关统计数据有较多缺失，难以纳入比较样本。这也反映了当前全球生态环境保护统计制度面临的挑战，要建立完善的、普及的统计监测网络，以应对全球气候变化等挑战。

（6）缺失值的处理

在原始数据整理过程中，存在一些国家单个指标数据缺失的情况。如果前4年中该指标有数据，则用最相近年份的数据填补缺失值。如果单个指标在前4年内没有数据，在计算过程中则用整体样本的平均值进行填补。这是为量化评价计算的需要而采取的不得已而为之的办法，当然会对最后的计算结果产生一定影响，故而在读取最后的计算结果时，应该慎之又慎。

2. 生态文明建设进步指数算法

建成生态文明并非一日之功，当前全球社会仍在不断跋涉过程中。与水平指数不同，进步指数主要考察各国生态文明建设的速度快慢。在进展的维度上，因为速度并不如同水平一样相对稳定，故不适宜设定相应的基准值。对于生态文明建设国际比较进展指标体系（IECPI），在计算得到三级指标基准年与对比年的进展速度后，直接通过标准化计算得到三级指标指数得分。对三级指标数据进行标准化处理，剔除大于或小于3倍标准差的数据，以标准分3或 -3 替换以减小离散度，加权求和得到二级指标 Z 分数。一级指标指数得分由二级指标得分加权求和而得。

（1）指标属性

进步指数基于建设水平进展的提升快慢计算而得。为便于比较和分析，更直观地反映进展速度快慢，水平指标在转化为进展指标时，全部设计为正指标（见表 2-2）。水平指标中的正指标，在转化为进展指标时，即表现为增长率。例如，森林覆盖率对应的进展指标是森林面积增长率。水平指标中的逆指标，在转化为进展指标时，即表现为下降率。例如，PM2.5 年均浓度对应的进展指标是 PM2.5 年均浓度下降率。

（2）指标权重

在二级指标和三级指标权重分配上，生态文明建设国际比较进展指标体系与水平指标体系保持一致。

（3）指数计算公式

进步指数三级指标得分直接取原始数据计算得分。

计算方法：$Y_i = (X_i \div X_I - 1) \times 100\%$ 。

Y_i 为三级指标指数得分，X_i 为第 i 个指标的本年数值，X_I 为第 i 个指标的对比年值。

从获得的大部分三级指标原始数据来看，1990 年大部分生态和环境类数据开始在国际范围内得到统计梳理。故在进步指数计算中，课题组以最新获取的年份数据为本年数值，以 1990 年为对比年进行三级指标得分计算。

（4）缺失值的处理

在计算过程中，缺失数据的三级指标其原始数据记为零参与计算。

（5）样本国家的确定

基于数据的可得性，以及比较分析的需要，进步指数计算的样本国家数量与 IECI 保持一致，为 117 个国家。

3. 分析方法

为进一步展开比较分析，在进步指数的基础上，进一步展开了生态文明进展态势分析、生态文明建设类型分析。

对指数内部各指标之间相关性的探讨，有助于了解和把握生态文明建设的主要因素。考虑中国自身发展条件，基于以往的建设历程，针对现阶段生态文明建设状况，进一步明确生态文明建设的重点和难点。课题组使用 SPSS 软件，采用皮尔逊相关系数（Pearson correlation coefficient），对进步指数的一级指标和二级指标得分以及三级指标原始数据的相关性进行了双侧检验。

（1）年均进步率分析

进步指数能反映 1990 年至可获取的最新数据年份之间，一个国家生态文明建设进步的幅度大小。但大部分国际比较指标原始数据的连贯性不佳，缺少连续年份数据。为进一步比较中国与其他国家在此期间建设进展的年均进步幅度，课题组计算了各个国家的年均进步率，借以分析中国在过去 30 年的建设平均速率，结合整体进步率，分析中国生态文明建设取得的成就与面临的挑战。

（2）进展态势分析

在推进生态文明建设的进展方面，为获取中国与其他国家 1990 年以来不同阶段的进展速度变化态势，课题组克服原始数据的不连贯性问题，以 1990 年至 2000 年、2000 年至 2010 年、2010 年至最新可获得数据年份，划分为三个发展阶段。分别计算这三个阶段的年均进步变化率，以考察这三个阶段生态文明发展速度的变化情况，探讨发展态势。

（3）建设类型分析

中国的生态文明建设有自身的特殊性，同时也遵循生态文明建设的基本规律。在探索生态文明道路的过程中，哪些国家与中国建设水平和进展的相关领域有相似特征？课题组通过对水平指数得分和进步指数得分进行等级划分，考察中国及其他国家生态文明建设水平、进展的类型特征，并将水平和进展相结合，考察生态文明建设的综合类型，找准中国生态文明建设的定位。课题组还通过平均值计算，考察不同地域、不同收入水平的国家生态文明建设类型，进一步探索生态文明建设的规律。

第三章

进展态势

生态文明建设是全球性的共同议题，全球各国应加强合作，解决和遏制全球性的生态、环境与资源危机。从 1972 年"人类环境会议"召开到 1987 年《我们共同的未来》发布，再从 1992 年《21 世纪议程》制定到 2015 年《巴黎协定》签署，全球生态文明建设取得了不俗的成绩。中国的生态文明建设也在不断推进过程中取得了显著的成就。本章通过深入分析生态文明建设四个核心领域的进展情况，即生态活力、环境质量、社会发展和协调程度的进步指数与发展态势，描述 1990～2017 年生态文明建设的国际进展与中国生态文明建设进步状况，探讨加速我国生态文明建设的驱动因素。

第一节　建设进展的国际状况

在国际生态文明进步指数考察的四个核心领域中，117 个样本国家生态活力与社会发展领域取得良好成效，而环境质量和协调程度成为各国生态文明建设的短板。生态活力领域有 8 个国家进步率为负值，社会发展领域仅有 2 个国家为负值，而环境质量领域有 76 个国家为负值，协调程度领域有 32 个国家为负值。世界各国生态文明建设各领域发展不均衡比较突出。

一　国际生态文明建设进展整体情况

1990～2017 年，大部分国家生态文明建设取得了显著进展。根据国际生态文明建设进步指数①（IECPI）的排名，马耳他以 2747.16 分排名第一，中国排名第 16 位，卡塔尔以 -837.05 分排名垫底。整体来看，117 个样本国家中，95 个国家的生态文明建设呈现为进步，22 个国家的生态文明建设出现退步（见表 3 -1）。

表 3 -1　IECPI 得分及排名

国家	生态文明进步指数 IECPI（分）	排名	国家	生态文明进步指数 IECPI（分）	排名
马耳他	2747.16	1	俄罗斯	19.75	60
摩洛哥	1755.16	2	捷克	18.60	61
阿尔巴尼亚	748.05	3	安哥拉	17.75	62
爱尔兰	514.75	4	博茨瓦纳	17.52	63
波斯尼亚和黑塞哥维那	378.25	5	德国	17.32	64
塞浦路斯	312.50	6	马来西亚	17.21	65
埃及	260.94	7	巴拿马	17.02	66
爱沙尼亚	259.39	8	阿拉伯联合酋长国	16.92	67
葡萄牙	243.99	9	斯洛伐克	16.70	68
也门	208.31	10	赞比亚	16.70	68
保加利亚	188.04	11	津巴布韦	16.12	70
土耳其	177.96	12	挪威	16.03	71
墨西哥	171.81	13	乌克兰	15.80	72
巴林	157.42	14	莫桑比克	15.41	73
罗马尼亚	140.73	15	泰国	14.83	74
中国	127.84	16	斯里兰卡	14.76	75
瑞士	125.80	17	苏丹	14.05	76

① 进步指数和总进步率的时间跨度是 1990～2017 年。但各三级指标覆盖年份有一定差异，森林面积增长率、森林总蓄积量增长率、单位 GDP 水资源效率增长率是 1990～2015 年，草原面积增长率是 1992～2015 年，淡水抽取比例下降率是 1992～2014 年，单位 GDP 能耗下降率、化石能源消费比例下降率、单位 GDP 二氧化碳排放量下降率是 1990～2014 年，自然保护区面积增长率、人均 GNI 增长率、服务业附加值占 GDP 比例增长率、城镇化增长率、出生时的预期寿命增长率是 1990～2017 年，PM2.5 年均浓度下降率、高等教育入学增长率是 1990～2016 年。受限于数据的可得性，安全管理卫生设施普及增长率的时间跨度是 2000～2015 年，化肥施用强度的时间跨度是 2002～2015 年。

续表

国家	生态文明进步指数 IECPI（分）	排名	国家	生态文明进步指数 IECPI（分）	排名
智利	88.13	18	埃塞俄比亚	13.48	77
立陶宛	83.00	19	乌拉圭	13.15	78
科威特	79.93	20	伊朗	11.93	79
毛里求斯	77.12	21	以色列	11.65	80
塔吉克斯坦	74.13	22	印度尼西亚	11.56	81
英国	70.51	23	巴基斯坦	11.37	82
斯洛文尼亚	69.30	24	尼日尔	11.11	83
突尼斯	67.35	25	孟加拉国	10.88	84
意大利	61.65	26	巴拉圭	9.51	85
多米尼加	61.39	27	玻利维亚	9.36	86
西班牙	53.71	28	塞尔维亚	8.49	87
法国	52.77	29	冰岛	8.33	88
古巴	50.83	30	加拿大	5.66	89
荷兰	49.58	31	喀麦隆	5.28	90
希腊	49.24	32	秘鲁	3.90	91
日本	48.30	33	坦桑尼亚	2.84	92
肯尼亚	47.87	34	阿塞拜疆	2.50	93
克罗地亚	47.48	35	委内瑞拉	1.47	94
卢森堡	44.24	36	阿尔及利亚	0.47	95
新西兰	43.45	37	哥伦比亚	-1.45	96
丹麦	42.66	38	阿根廷	-5.34	97
比利时	42.52	39	吉尔吉斯斯坦	-6.39	98
黎巴嫩	40.97	40	塞内加尔	-6.77	99
芬兰	40.89	41	洪都拉斯	-7.03	100
印度	40.48	42	多哥	-9.43	101
牙买加	40.28	43	萨尔瓦多	-10.11	102
匈牙利	37.18	44	哈萨克斯坦	-13.75	103
瑞典	34.51	45	尼加拉瓜	-14.51	104
澳大利亚	34.44	46	特立尼达和多巴哥	-17.42	105
韩国	33.52	47	哥斯达黎加	-17.85	106

国家	生态文明进步指数 IECPI（分）	排名	国家	生态文明进步指数 IECPI（分）	排名
亚美尼亚	32.67	48	危地马拉	-20.53	107
拉脱维亚	31.77	49	沙特阿拉伯	-24.98	108
南非	31.67	50	文莱	-25.32	109
美国	30.41	51	科特迪瓦	-37.34	110
巴西	28.20	52	加纳	-41.27	111
摩尔多瓦	27.85	53	尼泊尔	-67.81	112
白俄罗斯	26.03	54	新加坡	-70.66	113
苏里南	25.83	55	厄瓜多尔	-83.52	114
黑山	24.08	56	纳米比亚	-223.40	115
约旦	22.30	57	缅甸	-254.33	116
奥地利	21.50	58	卡塔尔	-837.05	117
波兰	20.45	59			

从生态文明建设年均进步率来看，可持续发展和生态文明建设正逐步进入各国的战略布局。其中，罗马尼亚以3.00%的年均进步率位列第一，中国以1.97%的年均进步率排名第9位，科特迪瓦以-0.81%的年均进步率排名垫底。117个国家的年均进步率平均值为0.75%，其中有54个国家的生态文明建设年均进步率达到了平均值及以上，仅有17个国家年均进步率呈现退步状态（见表3-2）。

表3-2 生态文明建设年均进步率及排名

国家	各国年均进步率（%）	排名	国家	各国年均进步率（%）	排名
罗马尼亚	3.00	1	南非	0.70	60
马耳他	2.91	2	黑山	0.70	60
爱尔兰	2.59	3	乌克兰	0.69	62
保加利亚	2.44	4	摩尔多瓦	0.67	63
阿尔巴尼亚	2.21	5	俄罗斯	0.66	64
塞浦路斯	2.19	6	津巴布韦	0.65	65

续表

国家	各国年均进步率（％）	排名	国家	各国年均进步率（％）	排名
摩洛哥	2.18	7	德国	0.63	66
巴基斯坦	2.08	8	黎巴嫩	0.58	67
中国	1.97	9	乌拉圭	0.57	68
巴林	1.93	10	挪威	0.56	69
英国	1.84	11	巴拿马	0.56	69
爱沙尼亚	1.72	12	赞比亚	0.55	71
瑞士	1.60	13	以色列	0.53	72
埃及	1.59	14	斯洛伐克	0.53	72
墨西哥	1.58	15	博茨瓦纳	0.48	74
土耳其	1.55	16	巴西	0.47	75
卢森堡	1.50	17	秘鲁	0.44	76
丹麦	1.45	18	斯里兰卡	0.44	76
葡萄牙	1.38	19	苏丹	0.44	76
突尼斯	1.37	20	阿塞拜疆	0.42	79
法国	1.35	21	伊朗	0.40	80
智利	1.31	22	孟加拉国	0.38	81
多米尼加	1.30	23	哥伦比亚	0.37	82
意大利	1.30	23	泰国	0.36	83
波斯尼亚和黑塞哥维那	1.28	25	阿拉伯联合酋长国	0.33	84
荷兰	1.24	26	加拿大	0.32	85
牙买加	1.21	27	马来西亚	0.29	86
塔吉克斯坦	1.20	28	印度尼西亚	0.29	86
芬兰	1.20	28	安哥拉	0.27	88
波兰	1.18	30	塞尔维亚	0.27	88
立陶宛	1.16	31	尼日尔	0.26	90
比利时	1.16	31	玻利维亚	0.22	91
毛里求斯	1.16	31	阿根廷	0.14	92
斯洛文尼亚	1.13	34	委内瑞拉	0.13	93
瑞典	1.13	34	新加坡	0.13	93
西班牙	1.12	36	哥斯达黎加	0.10	95

续表

国家	各国年均进步率（%）	排名	国家	各国年均进步率（%）	排名
亚美尼亚	1.11	37	吉尔吉斯斯坦	0.10	96
白俄罗斯	1.07	38	埃塞俄比亚	0.03	97
科威特	1.07	38	喀麦隆	0.02	98
日本	1.06	40	哈萨克斯坦	0.01	99
古巴	1.02	41	阿尔及利亚	0.00	100
希腊	1.00	42	尼加拉瓜	-0.07	101
印度	1.00	42	巴拉圭	-0.11	102
美国	0.96	44	洪都拉斯	-0.12	103
匈牙利	0.95	45	特立尼达和多巴哥	-0.13	104
冰岛	0.95	45	塞内加尔	-0.22	105
韩国	0.91	47	厄瓜多尔	-0.29	106
克罗地亚	0.90	48	缅甸	-0.34	107
新西兰	0.87	49	萨尔瓦多	-0.38	108
也门	0.86	50	危地马拉	-0.47	109
拉脱维亚	0.86	50	加纳	-0.48	110
奥地利	0.81	52	多哥	-0.59	111
澳大利亚	0.80	53	尼泊尔	-0.60	112
莫桑比克	0.78	54	卡塔尔	-0.62	113
苏里南	0.74	55	沙特阿拉伯	-0.74	114
捷克	0.71	56	文莱	-0.75	115
约旦	0.71	56	纳米比亚	-0.76	116
坦桑尼亚	0.71	56	科特迪瓦	-0.81	117
肯尼亚	0.71	56			

二 国际生态文明建设进展具体领域情况

在国际生态文明建设进步指数考察的四个核心领域中，各国发展优劣势存在差异。在生态活力方面，马耳他以9130.77分排名第一，而其环境质量进步指数排名第85位；在环境质量方面，牙买加以26.93分进步指数排名第一，而社会发展进步指数排名第109位；中国虽然社会发展进步指数和协调程度进步指数排名并列第一，但生态活力进步指数和环境质量进步指数却分别排在第87位和第65位，中国生态活力和环境质量改善仍有很大提升空间。

1. 生态活力领域的各国进展

在生态活力领域，多数国家生态活力发展趋势良好。马耳他、摩洛哥和阿尔巴尼亚三国分别以9130.77分、5828.38分和2545.82分居前三位，而埃塞俄比亚、萨尔瓦多和文莱分别以 - 15.30分、 - 19.42分和 - 29.90分排在最后三位（见表3 - 3）。生态活力进步指数差异巨大的主要影响因素是各国在1990～2017年自然保护区面积增长率不同。马耳他、摩洛哥和阿尔巴尼亚三国自然保护区面积增长率均在1990～2017年变化巨大，而排名靠后的国家生态活力领域四个三级指标均表现出不同程度的退步。其中，萨尔瓦多在1990～2015年森林面积增长率为 - 29.71%，1992～2015年草原面积增长率为 - 38.27%；埃塞俄比亚森林面积增长率、森林总蓄积量增长率和草原面积增长率三个指标都出现了负增长，以1990～2015年森林总蓄积量增长率 - 74.32%的退步最为明显；文莱四个三级指标都出现了负增长，以1990～2015年森林总蓄积量增长率 - 41.41%和1990～2017年自然保护区面积增长率 - 63.96%的退步率最为明显。

表3 - 3　生态活力进步指数得分及排名

国家	生态活力进步指数（分）	排名	国家	生态活力进步指数（分）	排名
马耳他	9130.77	1	纳米比亚	58.14	60
摩洛哥	5828.38	2	亚美尼亚	56.38	61
阿尔巴尼亚	2545.82	3	阿拉伯联合酋长国	56.27	62
爱尔兰	1679.97	4	美国	53.32	63
波斯尼亚和黑塞哥维那	1301.51	5	韩国	52.53	64
塞浦路斯	956.51	6	伊朗	48.61	65
埃及	861.91	7	约旦	46.79	66
爱沙尼亚	849.66	8	沙特阿拉伯	45.09	67

国家	生态活力进步指数（分）	排名	国家	生态活力进步指数（分）	排名
葡萄牙	803.91	9	斯洛伐克	44.21	68
也门	697.85	10	丹麦	40.97	69
墨西哥	537.52	11	乌克兰	38.32	70
土耳其	536.87	12	莫桑比克	35.59	71
保加利亚	517.96	13	泰国	34.87	72
巴林	504.38	14	德国	34.26	73
瑞士	373.49	15	以色列	34.15	74
科威特	276.38	16	缅甸	34.01	75
卡塔尔	271.26	17	洪都拉斯	33.61	76
罗马尼亚	258.16	18	赞比亚	33.55	77
智利	253.50	19	俄罗斯	33.27	78
立陶宛	253.01	20	博茨瓦纳	30.58	79
冰岛	247.18	21	加拿大	29.94	80
孟加拉国	228.96	22	白俄罗斯	29.83	81
塔吉克斯坦	215.55	23	阿根廷	27.40	82
新西兰	214.04	24	尼加拉瓜	27.01	83
斯洛文尼亚	196.65	25	印度	26.89	84
多米尼加	169.66	26	捷克	25.94	85
意大利	166.93	27	喀麦隆	25.07	86
突尼斯	164.63	28	中国	23.59	87
古巴	162.09	29	苏丹	22.21	88
黎巴嫩	161.61	30	塞尔维亚	21.84	89
西班牙	159.09	31	安哥拉	21.01	90
巴西	151.95	32	多哥	20.57	91
肯尼亚	142.93	33	奥地利	20.12	92
英国	141.60	34	阿尔及利亚	17.65	93
毛里求斯	132.75	35	印度尼西亚	17.60	94
日本	129.60	36	厄瓜多尔	17.25	95
克罗地亚	129.36	37	津巴布韦	16.41	96

续表

国家	生态活力进步指数（分）	排名	国家	生态活力进步指数（分）	排名
希腊	128.82	38	巴拿马	15.91	97
法国	125.63	39	哥伦比亚	15.15	98
荷兰	116.13	40	坦桑尼亚	14.86	99
巴拉圭	109.97	41	尼日尔	14.15	100
摩尔多瓦	104.98	42	阿塞拜疆	12.87	101
卢森堡	100.10	43	马来西亚	12.77	102
澳大利亚	98.87	44	斯里兰卡	10.40	103
牙买加	98.01	45	挪威	9.33	104
苏里南	95.67	46	哈萨克斯坦	8.38	105
比利时	95.18	47	委内瑞拉	7.74	106
秘鲁	92.77	48	新加坡	5.01	107
波兰	91.65	49	科特迪瓦	2.37	108
拉脱维亚	89.85	50	加纳	1.34	109
芬兰	85.02	51	特立尼达和多巴哥	-0.55	110
匈牙利	84.97	52	塞内加尔	-1.07	111
南非	84.59	53	危地马拉	-2.28	112
玻利维亚	74.09	54	巴基斯坦	-2.62	113
黑山	72.67	55	吉尔吉斯斯坦	-5.57	114
尼泊尔	71.75	56	埃塞俄比亚	-15.30	115
乌拉圭	65.23	57	萨尔瓦多	-19.42	116
哥斯达黎加	60.90	58	文莱	-29.90	117
瑞典	59.14	59			

各国生态活力年均进步率与生态活力进步指数的排名基本一致，影响年均进步率排名的因素也与进步指数的影响因素高度相关。马耳他和摩洛哥分别以7.54%和6.80%的生态活力年均进步率位列前两位，而萨尔瓦多、埃塞俄比亚和文莱依然排在最后三位（见表3-4）。马耳他和摩洛哥1990～2017年自然保护区面积增长率分别达到了25.96%和23.73%，而萨尔瓦多、埃塞俄比亚和文莱森林面积增长率、森林总蓄积量增长率、森

林总蓄积量增长率和自然保护区面积增长率表现为不同程度的退步。

表 3 - 4 生态活力年均进步率及排名

国家	生态活力年均进步率（%）	排名	国家	生态活力年均进步率（%）	排名
马耳他	7.54	1	瑞典	1.45	60
摩洛哥	6.80	2	美国	1.39	61
爱尔兰	6.37	3	伊朗	1.34	62
阿尔巴尼亚	5.56	4	亚美尼亚	1.31	63
塞浦路斯	4.93	5	约旦	1.27	64
埃及	4.89	6	丹麦	1.22	65
巴林	4.80	7	哥斯达黎加	1.14	66
波斯尼亚和黑塞哥维那	4.80	7	以色列	1.12	67
爱沙尼亚	4.45	9	乌克兰	1.12	67
土耳其	4.22	10	泰国	1.11	69
葡萄牙	4.14	11	斯洛伐克	1.10	70
墨西哥	4.09	12	莫桑比克	1.01	71
保加利亚	4.01	13	德国	1.00	72
科威特	3.85	14	纳米比亚	0.98	73
冰岛	3.72	15	俄罗斯	0.92	74
瑞士	3.45	16	加拿大	0.92	74
智利	3.31	17	白俄罗斯	0.91	76
多米尼加	3.16	18	捷克	0.83	77
新西兰	3.06	19	印度	0.83	77
古巴	3.06	19	中国	0.80	79
突尼斯	3.05	21	博茨瓦纳	0.70	80
罗马尼亚	3.03	22	赞比亚	0.70	80
卡塔尔	3.02	23	奥地利	0.69	82
西班牙	2.92	24	喀麦隆	0.67	83
立陶宛	2.83	25	洪都拉斯	0.65	84
意大利	2.80	26	阿尔及利亚	0.63	85
孟加拉国	2.71	27	塞尔维亚	0.63	85

续表

国家	生态活力年均进步率（%）	排名	国家	生态活力年均进步率（%）	排名
斯洛文尼亚	2.66	28	阿根廷	0.54	87
英国	2.63	29	尼加拉瓜	0.51	88
黎巴嫩	2.60	30	巴拿马	0.50	89
塔吉克斯坦	2.57	31	哥伦比亚	0.49	90
卢森堡	2.38	32	安哥拉	0.47	91
巴西	2.38	32	马来西亚	0.46	92
法国	2.38	32	阿塞拜疆	0.46	92
牙买加	2.33	35	坦桑尼亚	0.43	94
也门	2.33	35	厄瓜多尔	0.43	94
日本	2.33	35	沙特阿拉伯	0.38	96
希腊	2.31	38	苏丹	0.36	97
苏里南	2.30	39	哈萨克斯坦	0.28	98
荷兰	2.16	40	缅甸	0.27	99
克罗地亚	2.08	41	委内瑞拉	0.24	100
摩尔多瓦	2.05	42	津巴布韦	0.24	100
黑山	2.02	43	斯里兰卡	0.23	102
比利时	2.02	43	印度尼西亚	0.23	102
波兰	1.95	45	挪威	0.20	104
芬兰	1.90	46	新加坡	0.17	105
拉脱维亚	1.88	47	科特迪瓦	0.09	106
匈牙利	1.82	48	加纳	0.03	107
乌拉圭	1.82	48	特立尼达和多巴哥	−0.02	108
澳大利亚	1.75	50	塞内加尔	−0.06	109
巴拉圭	1.73	51	危地马拉	−0.20	110
阿拉伯联合酋长国	1.69	52	吉尔吉斯斯坦	−0.26	111
南非	1.60	53	巴基斯坦	−0.29	112
秘鲁	1.60	53	尼日尔	−0.30	113
玻利维亚	1.53	55	多哥	−0.43	114
毛里求斯	1.52	56	萨尔瓦多	−0.95	115
肯尼亚	1.52	56	埃塞俄比亚	−0.96	116

续表

国家	生态活力年均进步率（%）	排名	国家	生态活力年均进步率（%）	排名
尼泊尔	1.50	58	文莱	-1.69	117
韩国	1.48	59			

2. 环境质量领域的各国进展

在环境质量领域，牙买加、智利和津巴布韦分别以 26.93 分、25.15 分和 24.30 分的进步指数位列前三名，而厄瓜多尔、缅甸和卡塔尔分别以 -374.21 分、-1090.31 分和 -3672.72 分的进步指数垫底（见表 3-5）。其中，牙买加和津巴布韦的 PM2.5 年均浓度下降率、化肥施用强度下降率和农药施用强度下降率等三级指标均有所进展，而智利主要得益于对用水卫生设施的大力改善，其 2000~2015 年使用安全管理卫生设施人口增长率达 214.96%，有效促进了该国环境质量建设。然而，排名垫底的三个国家环境质量进步指数出现大负数值的主要影响因素是化肥施用强度下降率和农药施用强度下降率不降反增，厄瓜多尔、缅甸和卡塔尔 2002~2015 年化肥施用强度下降率分别为 -87.10%、-455.92% 和 -16804.44%，1990~2016 年农药施用强度下降率分别为 -1833.46%、-4972.25% 和 -1485.08%，化肥施用强度与农药施用强度成为制约各国环境质量改善的主要因素。

表 3-5　环境质量进步指数得分及排名

国家	环境质量进步指数（分）	排名	国家	环境质量进步指数（分）	排名
牙买加	26.93	1	土耳其	-16.65	60
智利	25.15	2	埃塞俄比亚	-16.94	61
津巴布韦	24.30	3	乌克兰	-17.58	62
芬兰	20.82	4	印度	-18.79	63
匈牙利	20.63	5	马来西亚	-19.41	64
卢森堡	20.32	6	中国	-19.58	65
立陶宛	18.85	7	苏丹	-20.63	66

国家	环境质量 进步指数 （分）	排名	国家	环境质量 进步指数 （分）	排名
挪威	18.82	8	委内瑞拉	−21.18	67
奥地利	18.71	9	苏里南	−21.64	68
英国	18.44	10	阿拉伯联合酋长国	−21.75	69
比利时	18.12	11	多米尼加	−22.27	70
斯洛文尼亚	18.09	12	亚美尼亚	−22.72	71
荷兰	17.82	13	埃及	−23.36	72
尼日尔	17.40	14	赞比亚	−24.08	73
法国	17.28	15	萨尔瓦多	−24.89	74
罗马尼亚	16.34	16	葡萄牙	−25.40	75
毛里求斯	15.42	17	塞内加尔	−25.52	76
意大利	15.16	18	科威特	−26.07	77
克罗地亚	14.10	19	喀麦隆	−29.37	78
瑞典	13.51	20	以色列	−34.55	79
肯尼亚	11.63	21	黎巴嫩	−34.57	80
日本	11.02	22	澳大利亚	−35.62	81
丹麦	10.62	23	阿塞拜疆	−35.80	82
斯洛伐克	10.50	24	加拿大	−41.77	83
墨西哥	10.47	25	阿尔及利亚	−42.92	84
瑞士	10.29	26	马耳他	−49.00	85
保加利亚	10.02	27	文莱	−50.36	86
巴林	9.87	28	波斯尼亚和黑塞哥维那	−52.15	87
斯里兰卡	8.96	29	玻利维亚	−53.12	88
俄罗斯	7.65	30	多哥	−55.25	89
塞浦路斯	7.40	31	吉尔吉斯斯坦	−58.09	90
巴基斯坦	7.27	32	安哥拉	−63.85	91
塔吉克斯坦	6.85	33	莫桑比克	−63.90	92
白俄罗斯	6.46	34	特立尼达和多巴哥	−65.74	93
黑山	6.12	35	巴西	−67.00	94
伊朗	5.95	36	危地马拉	−67.02	95
塞尔维亚	5.81	37	乌拉圭	−68.59	96

续表

国家	环境质量进步指数（分）	排名	国家	环境质量进步指数（分）	排名
拉脱维亚	1.16	38	洪都拉斯	-70.21	97
捷克	0.71	39	巴拉圭	-73.31	98
突尼斯	0.09	40	纳米比亚	-79.13	99
德国	0.05	41	哈萨克斯坦	-82.14	100
也门	-0.04	42	阿根廷	-83.11	101
冰岛	-0.70	43	波兰	-91.02	102
古巴	-0.91	44	哥伦比亚	-94.83	103
约旦	-1.25	45	尼加拉瓜	-99.91	104
美国	-1.40	46	新西兰	-109.08	105
韩国	-1.50	47	科特迪瓦	-118.23	106
巴拿马	-2.40	48	秘鲁	-130.17	107
希腊	-6.29	49	哥斯达黎加	-165.71	108
印度尼西亚	-7.61	50	加纳	-169.82	109
坦桑尼亚	-11.02	51	沙特阿拉伯	-169.88	110
泰国	-11.86	52	阿尔巴尼亚	-186.76	111
爱沙尼亚	-12.17	53	尼泊尔	-274.05	112
爱尔兰	-13.42	54	孟加拉国	-291.65	113
南非	-13.48	55	新加坡	-354.60	114
摩洛哥	-14.21	56	厄瓜多尔	-374.21	115
西班牙	-14.76	57	缅甸	-1090.31	116
博茨瓦纳	-15.06	58	卡塔尔	-3672.72	117
摩尔多瓦	-16.08	59			

环境质量改善是各国生态文明建设与发展的普遍难题，有半数以上的国家1990~2012年环境质量年均进步率都是负值。这意味着环境质量恶化是一个全局性的现实，环境质量改善也是一个全球性的难题。整体来看，巴基斯坦以7.52%的环境质量年均进步率排名第一，其1990~2016年农药施用强度下降率为39.75%；而缅甸和卡塔尔受制于化肥施用强度下降率和农药施用强度下降率的负增长，其环境质量年均进步率分别以-4.25%和

-6.08%垫底（见表3-6）。

与生态活力领域相比，生态活力建设通过增加自然保护区范围等更容易出成效，但并不意味着生态活力建设进展状况好的国家环境质量改善就一定乐观。例如，生态活力进步指数排在前三位的国家，马耳他、摩洛哥和阿尔巴尼亚的环境质量进步指数分别以-49分、-14.21分和-186.76分排在第85位、第56位和第111位，环境质量年均进步率也分别以-0.28%、-0.45%和-1.26%排在第56位、第65位和第103位。马耳他、摩洛哥和阿尔巴尼亚三国生态活力领域的建设推进与环境质量恶化的现实矛盾，是全球各国生态文明建设过程中的普遍现象。

表3-6 环境质量年均进步率及排名

国家	环境质量年均进步率（%）	排名	国家	环境质量年均进步率（%）	排名
巴基斯坦	7.52	1	安哥拉	-0.37	60
坦桑尼亚	2.04	2	泰国	-0.39	61
津巴布韦	1.46	3	南非	-0.40	62
罗马尼亚	1.43	4	委内瑞拉	-0.41	63
巴林	1.32	5	埃及	-0.43	64
牙买加	1.31	6	摩洛哥	-0.45	65
尼日尔	1.18	7	博茨瓦纳	-0.47	66
卢森堡	1.07	8	文莱	-0.48	67
立陶宛	0.98	9	土耳其	-0.49	68
芬兰	0.95	10	印度	-0.49	68
匈牙利	0.91	11	葡萄牙	-0.51	70
挪威	0.87	12	中国	-0.52	71
奥地利	0.86	13	埃塞俄比亚	-0.56	72
斯洛文尼亚	0.83	14	赞比亚	-0.61	73
毛里求斯	0.82	15	萨尔瓦多	-0.61	73
英国	0.81	16	马来西亚	-0.64	75
荷兰	0.81	16	澳大利亚	-0.67	76
也门	0.79	18	科威特	-0.68	77

国家	环境质量年均进步率（%）	排名	国家	环境质量年均进步率（%）	排名
法国	0.75	19	苏丹	−0.68	78
肯尼亚	0.71	20	波兰	−0.68	78
比利时	0.70	21	阿拉伯联合酋长国	−0.70	80
拉脱维亚	0.66	22	以色列	−0.71	81
意大利	0.65	23	亚美尼亚	−0.73	82
斯洛伐克	0.65	23	多米尼加	−0.73	82
丹麦	0.64	25	波斯尼亚和黑塞哥维那	−0.76	84
克罗地亚	0.62	26	塞内加尔	−0.80	85
塞浦路斯	0.62	26	莫桑比克	−0.81	86
瑞典	0.58	28	巴西	−0.85	87
保加利亚	0.54	29	玻利维亚	−0.90	88
日本	0.52	30	喀麦隆	−0.95	89
捷克	0.50	31	阿塞拜疆	−0.96	90
白俄罗斯	0.49	32	加拿大	−0.97	91
伊朗	0.47	33	黎巴嫩	−0.98	92
瑞士	0.44	34	阿根廷	−1.07	93
俄罗斯	0.40	35	吉尔吉斯斯坦	−1.09	94
斯里兰卡	0.37	36	多哥	−1.09	94
爱沙尼亚	0.37	36	秘鲁	−1.13	96
墨西哥	0.35	38	阿尔及利亚	−1.17	97
智利	0.35	38	新西兰	−1.17	97
塔吉克斯坦	0.29	40	哈萨克斯坦	−1.17	97
塞尔维亚	0.26	41	乌拉圭	−1.25	100
黑山	0.26	41	危地马拉	−1.25	100
摩尔多瓦	0.17	43	纳米比亚	−1.25	100
德国	0.14	44	阿尔巴尼亚	−1.26	103
古巴	0.12	45	洪都拉斯	−1.28	104
巴拿马	0.10	46	尼加拉瓜	−1.35	105
乌克兰	0.10	46	哥伦比亚	−1.35	105
约旦	0.03	48	巴拉圭	−1.55	107
突尼斯	0.02	49	哥斯达黎加	−1.61	108

续表

国家	环境质量年均进步率（%）	排名	国家	环境质量年均进步率（%）	排名
爱尔兰	0.02	49	厄瓜多尔	−2.19	109
美国	0.02	49	科特迪瓦	−2.37	110
希腊	0.02	49	新加坡	−2.54	111
冰岛	0.02	49	加纳	−2.81	112
印度尼西亚	−0.02	54	孟加拉国	−2.97	113
韩国	−0.04	55	沙特阿拉伯	−3.07	114
马耳他	−0.28	56	尼泊尔	−3.35	115
苏里南	−0.32	57	缅甸	−4.25	116
西班牙	−0.34	58	卡塔尔	−6.08	117
特立尼达和多巴哥	−0.37	59			

3. 社会发展领域的各国进展

在社会发展领域，各国都在积极发展经济、教育与医疗卫生等事业。中国以 402.29 分的社会发展进步指数排名第一，毛里求斯与安哥拉紧随其后；而卡塔尔和苏里南分别以 −1.64 分和 −3.06 分的社会发展进步指数排名垫底（见表 3 - 7）。中国、毛里求斯和安哥拉基于 1990～2016 年高等教育入学增长率的大幅进步，分别为 1510.75%、1130.30% 和 1475.87%，稳居社会发展进步指数排名前三位。另外，中国 1990～2017 年人均 GNI 增长率为 503.49%，安哥拉 1990～2017 年人均预期寿命增长率为 47.61%，也优化了社会发展进步指数，经济的飞速发展、高等教育入学率的提高、医疗卫生的逐步改善等都为社会发展打下了坚实的基础。

表 3 - 7　社会发展进步指数得分及排名

国家	社会发展进步指数（分）	排名	国家	社会发展进步指数（分）	排名
中国	402.29	1	英国	33.36	60
毛里求斯	217.61	2	芬兰	32.95	61
安哥拉	213.55	3	匈牙利	32.75	62
印度	147.17	4	俄罗斯	32.16	63

国家	社会发展进步指数（分）	排名	国家	社会发展进步指数（分）	排名
阿尔巴尼亚	146.38	5	波兰	31.74	64
马来西亚	132.84	6	克罗地亚	31.27	65
土耳其	132.56	7	爱尔兰	30.17	66
罗马尼亚	132.38	8	哥斯达黎加	30.07	67
埃塞俄比亚	128.70	9	缅甸	29.72	68
孟加拉国	120.61	10	阿根廷	28.19	69
韩国	97.51	11	约旦	27.52	70
亚美尼亚	91.51	12	瑞士	27.44	71
塞浦路斯	87.23	13	冰岛	27.42	72
沙特阿拉伯	86.82	14	日本	27.23	73
保加利亚	82.71	15	南非	27.14	74
喀麦隆	81.42	16	爱沙尼亚	26.35	75
哥伦比亚	79.87	17	尼日尔	26.17	76
泰国	79.47	18	比利时	25.98	77
斯里兰卡	77.95	19	法国	25.97	78
马耳他	76.44	20	古巴	25.39	79
莫桑比克	75.11	21	危地马拉	25.14	80
多米尼加	70.50	22	吉尔吉斯斯坦	24.98	81
阿拉伯联合酋长国	70.22	23	意大利	23.61	82
摩洛哥	67.44	24	科威特	23.54	83
巴拿马	67.17	25	拉脱维亚	22.94	84
巴基斯坦	62.37	26	乌克兰	22.63	85
阿尔及利亚	62.23	27	肯尼亚	20.36	86
白俄罗斯	61.44	28	加纳	18.35	87
博茨瓦纳	60.58	29	新西兰	18.08	88
苏丹	60.33	30	委内瑞拉	17.74	89
希腊	58.47	31	津巴布韦	17.58	90
澳大利亚	56.76	32	美国	16.72	91
尼泊尔	55.21	33	塔吉克斯坦	15.56	92
多哥	53.93	34	加拿大	15.54	93

续表

国家	社会发展进步指数（分）	排名	国家	社会发展进步指数（分）	排名
乌拉圭	52.38	35	德国	15.49	94
新加坡	51.48	36	塞内加尔	15.48	95
秘鲁	48.88	37	巴西	14.87	96
埃及	47.15	38	智利	14.82	97
印度尼西亚	46.23	39	立陶宛	13.51	98
葡萄牙	45.39	40	也门	11.08	99
突尼斯	44.14	41	科特迪瓦	5.99	100
坦桑尼亚	43.95	42	阿塞拜疆	5.60	101
洪都拉斯	42.97	43	黑山	4.99	102
厄瓜多尔	41.25	44	巴拉圭	4.15	103
荷兰	41.17	45	尼加拉瓜	4.14	104
捷克	40.78	46	黎巴嫩	2.57	105
奥地利	38.62	47	摩尔多瓦	2.52	106
萨尔瓦多	38.18	48	特立尼达和多巴哥	2.39	107
玻利维亚	38.09	49	哈萨克斯坦	2.34	108
挪威	38.01	50	牙买加	2.30	109
瑞典	37.80	51	文莱	2.20	110
丹麦	36.49	52	波斯尼亚和黑塞哥维那	1.44	111
西班牙	36.48	53	塞尔维亚	1.43	112
赞比亚	35.77	54	巴林	0.95	113
斯洛文尼亚	34.71	55	卢森堡	0.56	114
墨西哥	34.45	56	斯洛伐克	0.32	115
以色列	34.42	57	卡塔尔	-1.64	116
伊朗	33.69	58	苏里南	-3.06	117
纳米比亚	33.64	59			

卡塔尔和苏里南是社会发展进步指数仅有的两个负值国家，其社会发展领域各三级指标表现为小幅进展甚至减速发展。苏里南1990～2016年高等教育入学增长率为－100%，1990～2017年服务业附加值占GDP比例增长率为－14.66%，教育和服务业发展不足限制了苏里南的社会发展进程。

从社会发展年均进步率来看，中国以 4.64% 的进步率排名第一，印度以 2.90% 的进步率排名第二，卡塔尔和苏里南的社会发展年均进步率依然垫底（见表 3 - 8）。中国和印度人均 GNI 增长率、服务业附加值占 GDP 比例增长率、城镇化增长率、高等教育入学增长率和出生时的预期寿命增长率等均有增长。

表 3 - 8　社会发展年均进步率及排名

国家	社会发展年均进步率（%）	排名	国家	社会发展年均进步率（%）	排名
中国	4.64	1	南非	0.86	60
印度	2.90	2	突尼斯	0.83	61
毛里求斯	2.88	3	约旦	0.82	62
罗马尼亚	2.64	4	法国	0.81	63
孟加拉国	2.56	5	危地马拉	0.80	64
马来西亚	2.49	6	阿根廷	0.80	64
阿尔巴尼亚	2.40	7	日本	0.78	66
土耳其	2.31	8	瑞士	0.77	67
亚美尼亚	2.20	9	古巴	0.77	67
韩国	2.14	10	比利时	0.76	69
保加利亚	2.07	11	缅甸	0.73	70
安哥拉	1.92	12	捷克	0.73	70
泰国	1.89	13	吉尔吉斯斯坦	0.70	72
哥伦比亚	1.80	14	尼日尔	0.70	72
多米尼加	1.72	15	匈牙利	0.69	74
白俄罗斯	1.70	16	意大利	0.68	75
摩洛哥	1.68	17	斯洛文尼亚	0.68	75
莫桑比克	1.66	18	多哥	0.68	75
斯里兰卡	1.66	18	克罗地亚	0.67	78
博茨瓦纳	1.65	20	爱尔兰	0.66	79
巴拿马	1.61	21	肯尼亚	0.65	80
巴基斯坦	1.60	22	波兰	0.64	81
埃塞俄比亚	1.58	23	冰岛	0.59	82

续表

国家	社会发展年均进步率（%）	排名	国家	社会发展年均进步率（%）	排名
马耳他	1.52	24	委内瑞拉	0.58	83
尼泊尔	1.46	25	加纳	0.57	84
苏丹	1.45	26	爱沙尼亚	0.57	84
喀麦隆	1.45	26	津巴布韦	0.55	86
乌拉圭	1.39	28	乌克兰	0.52	87
澳大利亚	1.36	29	美国	0.52	87
阿尔及利亚	1.36	29	科威特	0.52	87
塞浦路斯	1.35	31	拉脱维亚	0.52	87
坦桑尼亚	1.26	32	塞内加尔	0.51	91
新加坡	1.25	33	新西兰	0.50	92
埃及	1.23	34	加拿大	0.49	93
沙特阿拉伯	1.23	34	德国	0.49	93
洪都拉斯	1.23	34	巴西	0.48	95
秘鲁	1.21	37	塔吉克斯坦	0.48	95
荷兰	1.18	38	智利	0.46	97
厄瓜多尔	1.17	39	立陶宛	0.36	98
萨尔瓦多	1.15	40	也门	0.32	99
阿拉伯联合酋长国	1.13	41	阿塞拜疆	0.20	100
葡萄牙	1.12	42	科特迪瓦	0.19	101
瑞典	1.09	43	黑山	0.16	102
玻利维亚	1.08	44	尼加拉瓜	0.14	103
挪威	1.07	45	巴拉圭	0.14	103
印度尼西亚	1.06	46	黎巴嫩	0.09	105
希腊	1.05	47	摩尔多瓦	0.09	105
奥地利	1.05	47	特立尼达和多巴哥	0.08	107
伊朗	1.03	49	牙买加	0.08	107
丹麦	1.01	50	哈萨克斯坦	0.08	107
芬兰	0.99	51	文莱	0.06	110
纳米比亚	0.98	52	波斯尼亚和黑塞哥维那	0.05	111

续表

国家	社会发展年均进步率（%）	排名	国家	社会发展年均进步率（%）	排名
以色列	0.98	52	塞尔维亚	0.05	111
西班牙	0.97	54	巴林	0.03	113
俄罗斯	0.96	55	卢森堡	0.01	114
英国	0.95	56	斯洛伐克	0.01	114
墨西哥	0.95	56	卡塔尔	-0.08	116
赞比亚	0.94	58	苏里南	-0.13	117
哥斯达黎加	0.87	59			

4. 协调程度领域的各国进展

在协调程度领域，降低能耗与提高资源利用率仍是各国经济社会发展的难题。从协调程度进步指数得分来看，中国以217.72分的协调程度进步指数排名第一，罗马尼亚与丹麦紧随其后，而尼泊尔、冰岛和纳米比亚分别以 -97.02 分、-232.53 分和 -753.67 分的进步指数排名垫底，且有32个国家的进步指数为负值（见表3-9）。与罗马尼亚和丹麦协调程度领域各三级指标的均衡发展不同，中国在1990~2014年化石能源消费比例下降率为 -15.55%，1992~2014年淡水抽取比例下降率为 -19.96%，而1990~2015年单位 GDP 水资源效率为803.61美元/千克，使中国在协调程度领域的进步指数稳居第一。

表3-9　协调程度进步指数得分及排名

国家	协调程度进步指数（分）	排名	国家	协调程度进步指数（分）	排名
中国	217.72	1	墨西哥	9.23	60
罗马尼亚	131.12	2	日本	8.58	61
丹麦	74.14	3	津巴布韦	8.29	62
英国	61.39	4	葡萄牙	7.86	63
保加利亚	59.13	5	委内瑞拉	5.94	64
印度	50.12	6	尼加拉瓜	5.80	65

续表

国家	协调程度进步指数（分）	排名	国家	协调程度进步指数（分）	排名
美国	40.84	7	匈牙利	5.40	66
突尼斯	37.72	8	秘鲁	4.27	67
波兰	36.48	9	印度尼西亚	4.15	68
塞浦路斯	35.38	10	土耳其	3.93	69
爱尔兰	31.97	11	埃及	3.79	70
莫桑比克	31.46	12	拉脱维亚	3.60	71
卢森堡	30.15	13	巴基斯坦	3.28	72
阿尔巴尼亚	30.12	14	毛里求斯	2.65	73
新加坡	29.21	15	哥斯达黎加	2.65	73
马耳他	29.05	16	斯洛伐克	2.55	75
瑞典	25.74	17	黎巴嫩	2.49	76
亚美尼亚	25.68	18	波斯尼亚和黑塞哥维那	2.05	77
赞比亚	24.30	19	斯洛文尼亚	1.92	78
瑞士	23.56	20	克罗地亚	1.50	79
法国	22.89	21	立陶宛	1.21	80
阿塞拜疆	22.48	22	塞尔维亚	0.90	81
白俄罗斯	20.82	23	摩洛哥	0.27	82
吉尔吉斯斯坦	20.20	24	摩尔多瓦	0.00	83
哥伦比亚	19.11	25	黑山	0.00	83
南非	18.66	26	卡塔尔	0.00	83
比利时	18.48	27	科威特	-0.01	86
多米尼加	18.28	28	肯尼亚	-3.22	87
塔吉克斯坦	18.07	29	特立尼达和多巴哥	-3.94	88
乌克兰	17.68	30	厄瓜多尔	-4.43	89
芬兰	17.44	31	古巴	-4.59	90
澳大利亚	17.23	32	尼日尔	-4.71	91
奥地利	16.65	33	马来西亚	-5.66	92
以色列	16.26	34	加纳	-6.56	93
加拿大	15.97	35	斯里兰卡	-7.64	94
德国	15.70	36	塞内加尔	-7.98	95

续表

国家	协调程度进步指数（分）	排名	国家	协调程度进步指数（分）	排名
捷克	15.08	37	也门	-9.00	96
约旦	14.85	38	巴西	-9.55	97
意大利	14.14	39	孟加拉国	-9.96	98
西班牙	13.99	40	阿尔及利亚	-11.44	99
荷兰	13.69	41	萨尔瓦多	-12.63	100
哈萨克斯坦	13.08	42	文莱	-13.62	101
新西兰	12.67	43	泰国	-15.31	102
牙买加	12.66	44	安哥拉	-15.41	103
缅甸	11.95	45	阿拉伯联合酋长国	-16.85	104
爱沙尼亚	11.94	46	玻利维亚	-17.66	105
智利	11.89	47	坦桑尼亚	-18.18	106
韩国	11.71	48	巴拉圭	-19.24	107
巴林	11.66	49	洪都拉斯	-20.02	108
苏丹	11.64	50	危地马拉	-22.87	109
希腊	11.33	51	喀麦隆	-23.71	110
俄罗斯	10.11	52	沙特阿拉伯	-30.18	111
博茨瓦纳	10.09	53	伊朗	-30.66	112
埃塞俄比亚	9.99	54	科特迪瓦	-31.29	113
苏里南	9.98	55	多哥	-32.93	114
阿根廷	9.97	56	尼泊尔	-97.02	115
乌拉圭	9.57	57	冰岛	-232.53	116
挪威	9.41	58	纳米比亚	-753.67	117
巴拿马	9.23	59			

协调程度年均进步率与协调程度进步指数的排名大致同步，罗马尼亚以4.46%的年均进步率排名第一，超过中国，其各三级指标年均进步率较中国的发展更加均衡。尼泊尔和纳米比亚分别以 -1.42% 和 -2.96% 的协调程度年均进步率排名垫底（见表3-10）。

表 3 – 10　协调程度年均进步率及排名

国家	协调程度年均进步率（％）	排名	国家	协调程度年均进步率（％）	排名
罗马尼亚	4.46	1	乌拉圭	0.41	60
中国	3.87	2	加纳	0.41	60
保加利亚	2.63	3	墨西哥	0.40	62
丹麦	2.58	4	日本	0.37	63
英国	2.36	5	葡萄牙	0.33	64
波兰	2.23	6	尼加拉瓜	0.30	65
爱尔兰	1.92	7	委内瑞拉	0.24	66
亚美尼亚	1.89	8	匈牙利	0.24	66
缅甸	1.76	9	印度尼西亚	0.21	68
新加坡	1.76	9	毛里求斯	0.21	68
卢森堡	1.71	11	秘鲁	0.21	68
阿塞拜疆	1.66	12	土耳其	0.21	68
阿尔巴尼亚	1.65	13	拉脱维亚	0.17	72
马耳他	1.63	14	巴基斯坦	0.16	73
美国	1.55	15	埃及	0.16	73
印度	1.45	16	黎巴嫩	0.12	75
莫桑比克	1.42	17	哥斯达黎加	0.11	76
白俄罗斯	1.39	18	斯洛伐克	0.11	76
瑞典	1.28	19	斯里兰卡	0.09	78
赞比亚	1.18	20	波斯尼亚和黑塞哥维那	0.09	78
塞浦路斯	1.18	20	斯洛文尼亚	0.08	80
吉尔吉斯斯坦	1.14	22	克罗地亚	0.06	81
瑞士	1.12	23	立陶宛	0.05	82
法国	1.08	24	塞尔维亚	0.04	83
突尼斯	1.08	24	摩洛哥	0.01	84
塔吉克斯坦	0.97	26	摩尔多瓦	0.00	85
哥伦比亚	0.96	27	黑山	0.00	85
苏丹	0.94	28	卡塔尔	0.00	85
多米尼加	0.92	29	科威特	0.00	85
比利时	0.88	30	肯尼亚	- 0.08	89

国家	协调程度年均进步率（%）	排名	国家	协调程度年均进步率（%）	排名
乌克兰	0.85	31	特立尼达和多巴哥	-0.14	90
澳大利亚	0.81	32	古巴	-0.15	91
芬兰	0.81	32	厄瓜多尔	-0.16	92
以色列	0.75	34	尼日尔	-0.16	92
捷克	0.75	34	安哥拉	-0.20	94
奥地利	0.75	34	马来西亚	-0.21	95
德国	0.75	34	孟加拉国	-0.24	96
埃塞俄比亚	0.73	38	塞内加尔	-0.28	97
加拿大	0.72	39	也门	-0.29	98
爱沙尼亚	0.70	40	巴西	-0.33	99
荷兰	0.69	41	阿尔及利亚	-0.34	100
哈萨克斯坦	0.68	42	萨尔瓦多	-0.38	101
约旦	0.66	43	坦桑尼亚	-0.40	102
意大利	0.64	44	文莱	-0.44	103
南非	0.63	45	喀麦隆	-0.52	104
西班牙	0.63	45	泰国	-0.52	104
牙买加	0.56	47	阿拉伯联合酋长国	-0.55	106
新西兰	0.55	48	洪都拉斯	-0.58	107
智利	0.52	49	玻利维亚	-0.59	108
韩国	0.52	49	危地马拉	-0.74	109
巴林	0.51	51	冰岛	-0.86	110
苏里南	0.50	52	巴拉圭	-0.89	111
希腊	0.49	53	沙特阿拉伯	-0.91	112
巴拿马	0.47	54	科特迪瓦	-0.92	113
俄罗斯	0.47	54	伊朗	-0.92	113
博茨瓦纳	0.46	56	多哥	-0.98	115
阿根廷	0.43	57	尼泊尔	-1.42	116
津巴布韦	0.42	58	纳米比亚	-2.96	117
挪威	0.42	58			

第二节　中国建设进展的比较特征

改革开放40年来，世界各国特别是中国这样的快速发展中国家均面临生态退化、环境恶化、资源短缺等问题。发达国家在经济发展、技术治理、产业结构、能源消耗上均保持优势，而印度、巴西、南非这些后发型发展中国家生态文明建设与中国面临类似的短板与压力。解决生态环境恶化问题，推进人类命运共同体构建有助于增进世界各国人民的共同利益。

一　中国生态文明建设进展的国际排名

中国作为发展中国家，近年来生态文明建设取得的成效有目共睹。中国积极参与全球气候变化与环境治理，坚持"绿水青山就是金山银山"的绿色发展观，全面升级产业结构和能源结构。中国生态文明建设进展的国际排名不仅是数据化的呈现，还表明中国是全球生态文明建设的倡导者，也是积极的引领者、贡献者和受益者。

1. 中国生态文明建设进展与世界进展总体比较

中国生态文明建设进步指数IECPI以127.84分排名第16位，除了生态活力进步指数低于各国平均水平之外，环境质量、社会发展和协调程度等领域的进步指数均高于各国平均分（见图3-1）。各国生态活力进步指数平均分为296.13分，中国生态活力进步指数为23.59分，排名第87位；各国环境质量进步指数平均分为-74.85分，中国环境质量进步指数为-19.58分，排名第65位；中国社会发展进步指数和协调程度进步指数分别以402.29分和217.72分居第一位（见表3-11）。

表3-11　中国生态文明建设国际比较进步指数IECPI情况汇总

指数	中国得分（分）	排名	各国平均分（分）	最高分（分）	最低分（分）
IECPI	127.84	16	77.67	2747.16	-837.05

续表

指数	中国得分（分）	排名	各国平均分（分）	最高分（分）	最低分（分）
生态活力进步指数	23.59	87	296.13	9130.77	-29.90
环境质量进步指数	-19.58	65	-74.85	26.93	-3672.72
社会发展进步指数	402.29	1	47.00	402.29	-3.06
协调程度进步指数	217.72	1	1.64	217.72	-753.67

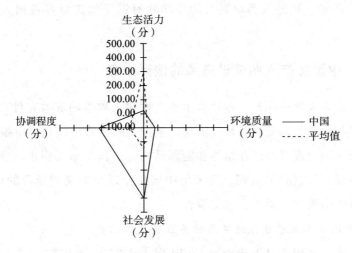

图 3 - 1　中国生态文明建设进步指数 IECPI 雷达图

注：因最大值与平均值数据差距较大，未在图中显示。

1990～2017 年，中国以 1.97% 的生态文明建设年均进步率排名第 9 位，高于各国年均进步率平均水平 1.22 个百分点（见表 3 - 12）。从量化评价结果来看，中国生态文明建设四个二级指标的进展并不均衡，尽管中国社会发展领域和协调程度领域分别以 4.64% 和 3.87% 的年均进步率排名第一和第二，但生态活力领域和环境质量领域的年均进步率低于世界平均水平（见图 3 - 2）。中国生态活力年均进步率为 0.80%，而各国年均进步率平均水平为 1.74%；中国环境质量年均进步率为 -0.52%，而各国年均进步率平均水平为 -0.29%（见表 3 - 12）。

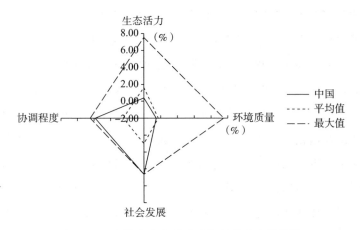

图 3 - 2 中国生态文明建设年均进步率雷达图

表 3 - 12 中国生态文明建设国际比较年均进步率情况汇总

年均进步率	中国（%）	排名	各国平均值（%）	最高值（%）	最低值（%）
生态文明建设年均进步率	1.97	9	0.75	3.00	- 0.81
生态活力年均进步率	0.80	79	1.74	7.54	- 1.69
环境质量年均进步率	- 0.52	71	- 0.29	7.52	- 6.08
社会发展年均进步率	4.64	1	1.01	4.64	- 0.13
协调程度年均进步率	3.87	2	0.48	4.46	- 2.96

2. 中国生态活力领域进展与世界进展比较

中国生态活力领域建设进展与各国平均速率相比并不突出。生态活力领域的四个三级指标中，中国 1990～2015 年森林面积增长率超过了发达国家和 117 个样本国家的平均水平，而 1990～2015 年森林总蓄积量增长率、1992～2015 年草原面积增长率和 1990～2017 年自然保护区面积增长率均低于发达国家和各国平均水平。其中，中国高出发达国家森林面积增长率 24.29 个百分点，高出各国平均水平 26.43 个百分点。中国与发达国家森林总蓄积量增长率的差值为 62.94 个百分点，与各国平均水平相比，差值为 95.80 个百分点。中国 1992～2015 年草原面积增长率仅为 0.44%，而发达国家的增长率是中国的 19.32 倍，各国平均增长率是中国的 16.16 倍。尽管中国 1990～2017 年自然保护区面积增长率达到 17.83%，但发达国家是中国的 37.06 倍，各国平均增长率是中国的 55.58 倍（见表 3 – 13）。

中国 1990～2015 年森林覆盖率的增长，得益于国家重点林业工程的积极实施，如退耕还林工程、三北及长江流域等防护林建设工程、京津风沙源治理造林工程等。1992～2015 年草原面积增长率进展不明显，是因为草原生态系统正于先破坏后修复的过程中。20 世纪 80 年代至 21 世纪初，开垦、开矿及退化、沙化、盐渍化草原面积逐年增加；进入 21 世纪，国家着力解决草原生态问题，先后启动实施了京津风沙源治理工程、退牧还草工程、西南岩溶地区治理等重大草原生态保护工程，草原生态总体向好。但草原生态系统功能恢复是个长期的过程，草原生态环境仍很脆弱，加之草原旱灾、火灾、雪灾等自然灾害和鼠虫害等生物灾害频发，导致草原生态持续恢复的压力仍然较大。

表 3 – 13　中国生态活力建设进展国际比较

单位：%，百分点，倍

指标		1990～2015 年森林面积增长率	1990～2015 年森林总蓄积量增长率	1992～2015 年草原面积增长率	1990～2017 年自然保护区面积增长率
世界	发达国家	8.28	126.41	8.50	660.86
	117 国	6.14	159.27	7.11	991.06
中国	进步率	32.57	63.47	0.44	17.83
	排名	12	45	75	98
中国与发达国家水平比较	倍数	0.25	1.99	19.32	37.06
	差值	-24.29	62.94	8.06	643.03
中国与平均水平比较	倍数	0.19	2.51	16.16	55.58
	差值	-26.43	95.80	6.67	973.23

注：与发达国家水平比较时，倍数 = 发达国家值÷中国值，差值 = 发达国家值 - 中国值；与平均水平比较时，以此类推。世界发达国家水平为 21 个公认发达国家平均值。世界平均水平为 117 个样本国家的平均值。中国的排名为有数据的样本国家中的排名，没有原始数据的国家不参与排名。后同。

3. 中国环境质量领域进展与世界进展比较

中国环境质量领域状况正在不断改善，虽然中国环境质量进步指数与发达国家平均水平存在较大差距，但明显高于世界各国平均水平。从四个具体三级指标看，中国 2000～2015 年安全管理卫生设施普及增长率以 105.37% 的进步率排名第 4 位，显著高于发达国家和世界平均水平。中国 1990～2016 年 PM2.5 年均浓度下降率为 -16.18%，与发达国家平均水平相比，差值为 30.48 个百分点，与世界各国平均水平相比，差值为 18.68 个百分点。中国 2002～2015 年化肥施用强度下降率和 1990～2016 年农药施用强度下降率分别为 -34.08% 和 -136.81%，化肥和农药施用强度下降率均高于世界平均水平，低于发达国家平均水平（见表 3-14）。

在水环境方面，尽管 1990～2015 年全球使用改善饮用水源的人口比例从 76% 增加到了 90%，但仍有 60% 的世界人口无法使用安全管理的卫生设施[1]。中国农村人居环境整治与"厕所革命"的大力推进，刺激了 2000～2015 年安全管理卫生设施普及增长率的提高。在大气环境方面，1990～2016 年 PM2.5 年均浓度下降率呈负增长，主要受粗放式工业发展模式影响，随着中国产业结构升级转型与资源能源增效减排的大力推进，空气污染治理成效日益显现。在土壤环境方面，中国作为农业大国，在保障粮食安全与降低土壤污染的双重压力下，化肥施用强度下降率和农药施用强度下降率指标正随着农业技术的更新逐步好转。

表 3-14　中国环境质量建设进展国际比较

单位：%，百分点，倍

指标		1990～2016 年 PM2.5 年均浓度下降率	2000～2015 年安全管理卫生设施普及增长率	2002～2015 年化肥施用强度下降率	1990～2016 年农药施用强度下降率
世界	发达国家	14.30	9.19	9.36	-64.52
	117 国	2.50	19.06	-222.35	-225.30
中国	进步率	-16.18	105.37	-34.08	-136.81
	排名	94	4	62	60
中国与发达国家水平比较	倍数	-0.88	0.09	-0.27	0.47
	差值	30.48	-96.18	43.44	72.29

---

[1]　《目标 6：为所有人提供水和环境卫生并对其进行可持续管理》，https://www.un.org/sustainabledevelopment/zh/water-and-sanitation/。

续表

指标		1990～2016 年 PM2.5 年均浓度下降率	2000～2015 年安全管理卫生设施普及增长率	2002～2015 年化肥施用强度下降率	1990～2016 年农药施用强度下降率
中国与平均水平比较	倍数	-0.15	0.18	6.52	1.65
	差值	18.68	-86.31	-188.27	-88.49

4. 中国社会发展领域进展与世界进展比较

改革开放以来，特别是 1992 年邓小平南方谈话之后，中国社会发展领域全面向好。从具体三级指标来看，中国 1990～2017 年人均 GNI 增长率、1990～2017 年城镇化增长率和 1990～2016 年高等教育入学增长率均居世界第一；1990～2017 年服务业附加值占 GDP 比例增长率排名第 13 位，高于发达国家和世界平均水平；1990～2017 年出生时的预期寿命增长率排名第 38 位，高于发达国家平均水平，略低于世界平均水平。中国表现突出的指标如 1990～2017 年人均 GNI 增长率（503.49%），高出发达国家平均水平455.87 个百分点，以及各国平均水平 424.71 个百分点；中国 1990～2017 年城镇化增长率为118.98%，高出发达国家平均水平109.31 个百分点，以及各国平均水平 98.93 个百分点；中国 1990～2016 年高等教育入学增长率为1510.75%，高出发达国家平均水平 1372.58 个百分点，以及各国平均水平1259.41 个百分点（见表 3－15）。

在经济发展方面，中国 2017 年人均 GNI 为 8805 美元，达到世界银行中等偏上收入国家的划分标准。在产业结构方面，2017 年，中国服务业附加值占 GDP 比重为 51.6%，超过第二产业（11.1%），第三产业正在强势成为我国经济增长的关键支撑。在生态文明建设和社会经济发展双线并行的大环境下，大力发展第三产业是绿色生产和生态文明建设的必由之路。在国土布局方面，随着十八大报告对工业化、信息化、城镇化、农业现代化等"新四化"建设要求的提出，中国城镇化进程逐步提速，2017 年，中国城镇化率达 58.52%。在教育发展方面，中国自 1999 年开始高校扩招以来，高等教育进入大众化发展阶段，有效促进了 21 世纪高等教育入学增长率的提高。在医疗卫生方面，中国公共卫生、疾病防控、生育服务管理等方面的工作稳步推进，1990～2017年出生时的预期寿命增长率达到了10.04%。2017年，中国每千人口卫生技术人员为6.47人，每千人口医疗卫生机构床位数为5.72张。

表3-15 中国社会发展建设进展国际比较

单位：%，百分点，倍

指标		1990～2017年人均GNI增长率	1990～2017年服务业附加值占GDP比例增长率	1990～2017年城镇化增长率	1990～2016年高等教育入学增长率	1990～2017年出生时的预期寿命增长率
世界	发达国家	47.62	10.68	9.67	138.17	7.76
	117国	78.78	27.91	20.05	251.34	10.66
中国	进步率	503.49	59.35	118.98	1510.75	10.04
	排名	1	13	1	1	38
中国与发达国家水平比较	倍数	0.09	0.18	0.08	0.09	0.77
	差值	-455.87	-48.67	-109.31	-1372.58	-2.28
中国与平均水平比较	倍数	0.16	0.47	0.17	0.17	1.06
	差值	-424.71	-31.44	-98.93	-1259.41	0.62

5. 中国协调程度领域进展与世界进展比较

在社会经济迅猛发展的同时，中国协调程度领域的发展也为资源能源的增效减排作出了积极贡献。从具体三级指标来看，中国1990～2015年单位GDP水资源效率增长率为803.61%，排名第一位，高出发达国家平均水平672.94个百分点，以及世界平均水平645.27个百分点。1990～2014年单位GDP能耗下降率和1990～2014年单位GDP二氧化碳排放量下降率分别以65.11%和58.05%的进步率排名第七位，其中，前者高出发达国家平均水平36.06个百分点，以及世界平均水平43.24个百分点；后者高出发达国家平均水平20.32个百分点，以及世界平均水平85.75个百分点。1992～2014年淡水抽取比例下降率为-19.96%，低于发达国家平均水平，高于世界平均水平。1990～2014年化石能源消费比例下降率为-15.55%，排名第85位，是进展最慢的一个三级指标（见表3-16）。

在气候变化应对方面，中国积极参与全球性的气候变化会议，并为缓解气候变化出台了具体的行动规划。2017 年，中国单位 GDP 二氧化碳排放量比 2005 年下降约 46%，单位 GDP 二氧化碳排放量和森林蓄积量均已达到《巴黎气候变化协定》的具体要求。在能源结构方面，2015 年中国的能源消费结构中，煤炭消费占能源消费总量的 64%，石油、天然气占能源消费总量的 24%。虽然相较于 2014 年煤炭消费量下降了 3.7%，但"一煤独大"的能耗结构并没有发生实质性变化，这也是我国化石能源消费比例下降率进展不大的原因。尽管从 2012 年开始我国煤炭行业就出现了产能过剩，但我国煤炭进出口贸易量仍然很大，2015 年我国连续第七年成为煤炭净进口国，全年净进口煤炭 1.99 亿吨①。

表 3 - 16　中国协调程度建设进展国际比较

单位：%，百分点，倍

指标		1990~2014年单位 GDP能耗下降率	1990~2014年化石能源消费比例下降率	1990~2015年单位 GDP水资源效率增长率	1992~2014年淡水抽取比例下降率	1990~2014年单位 GDP二氧化碳排放量下降率
世界	发达国家	29.05	7.99	130.67	14.93	37.73
	117 国	21.87	-11.23	158.34	-62.82	-27.70
中国	进步率	65.11	-15.55	803.61	-19.96	58.05
	排名	7	85	1	24	7
中国与发达国家水平比较	倍数	0.45	-0.51	0.16	-0.75	0.65
	差值	-36.06	23.54	-672.94	34.89	-20.32
中国与平均水平比较	倍数	0.34	0.72	0.20	3.15	-0.48
	差值	-43.24	4.32	-645.27	-42.86	-85.76

二　中国与典型发达国家及金砖国家进展比较

典型发达国家工业化、城镇化、现代化建设起步早，对中国生态文明建设有积极的借鉴意义。金砖国家作为后发型发展中国家，在生态文明建设中

---

① 中经煤炭产业经济景气研究课题组：《化解过剩产能　实现脱困发展——2015 中国煤炭产业经济景气报告》，《煤炭经济研究》2016 年第 1 期，第 6~10 页。

面临很多共通性的问题,对中国生态文明建设有重要参考意义。与典型发达国家及金砖国家的生态文明建设相比,中国生态活力和环境质量领域低于典型发达国家平均水平,而社会发展和协调程度进展显著高于典型发达国家和金砖国家平均水平。

1. 中国生态文明进步指数与典型发达国家及金砖国家比较

中国生态文明进步指数以 127.84 分显著优于 G7 国家和金砖国家。从各二级指标的具体得分情况来看,在生态活力领域,中国的生态活力进步指数与 G7 国家和金砖国家的平均水平存在一定差距,G7 国家和金砖国家分别以 97.32 分和 64.06 分高于中国的 23.59 分。在环境质量领域,中国环境质量进步指数以 -19.58 分高于金砖国家平均水平 -22.24 分,但中国在环境质量方面的进展仅超过了巴西,G7 国家中仅有加拿大以 -41.77 分低于中国。在社会发展领域,中国以 402.29 分稳居世界第一,远高于 G7 国家平均值 22.56 分和金砖国家平均值 124.73 分。在协调程度领域,中国的得分为 217.72 分,高于 G7 国家和金砖国家平均水平,中国在能源效率、能源结构、水资源效率和气候变化应对等方面都作出了阶段性的贡献(见表 3 – 17)。

表 3 – 17 中国与典型发达国家及金砖国家生态文明建设进展比较

单位:分

	生态活力 进步指数	环境质量 进步指数	社会发展 进步指数	协调程度 进步指数	生态文明 进步指数
中国	23.59	– 19.58	402.29	217.72	127.84
美国	53.32	– 1.40	16.72	40.84	30.41
日本	129.60	11.02	27.23	8.58	48.30
英国	141.60	18.44	33.36	61.39	70.51
法国	125.63	17.28	25.97	22.89	52.77
德国	34.26	0.05	15.49	15.70	17.32
加拿大	29.94	– 41.77	15.54	15.97	5.66
意大利	166.93	15.16	23.61	14.14	61.65
澳大利亚	98.87	– 35.62	56.76	17.23	34.44
韩国	52.53	– 1.50	97.51	11.71	33.52
俄罗斯	33.27	7.65	32.16	10.11	19.75

续表

	生态活力 进步指数	环境质量 进步指数	社会发展 进步指数	协调程度 进步指数	生态文明 进步指数
巴西	151.95	-67.00	14.87	-9.55	28.20
南非	84.59	-13.48	27.14	18.66	31.67
印度	26.89	-18.79	147.17	50.12	40.48
G7 平均值	97.32	2.68	22.56	25.64	36.76
金砖国家平均值	64.06	-22.24	124.73	57.41	67.56

2. 中国生态活力领域进展与典型发达国家及金砖国家比较

在生态活力领域,1990～2015 年森林面积增长率高于 G7 和金砖国家平均水平外。其中,中国 1990～2015 年森林面积增长率为 32.57%,高于 G7 和金砖国家平均水平 -24.45 个百分点和 -25.73 个百分点。中国 1990～2015 年森林总蓄积量增长率为 63.47%,印度森林总蓄积量增长率是中国的 1.77 倍,而英国是中国的 3.48 倍。中国 1992～2015 年草原面积增长率为 0.44%,G7 平均值是中国的 5.31 倍,金砖国家平均值是中国的 8.48 倍。中国 1990～2017 年自然保护区面积增长率为 17.83%,G7 平均水平为 286.97%,金砖国家平均水平为 191.77%(见表 3-18、3-19)。

表 3-18　中国与典型发达国家及金砖国家生态活力建设进展比较

单位:%,百分点,倍

	1990～2015 年森林面积增长率			1990～2015 年森林总蓄积量增长率		
	数值	倍数	差值	数值	倍数	差值
中国	32.57	1.00	0.00	63.47	1.00	0.00
美国	2.66	0.08	-29.91	64.57	1.02	1.10
日本	0.04	0.00	-32.53	71.87	1.13	8.40
英国	13.17	0.40	-19.40	221.18	3.48	157.71
法国	17.69	0.54	-14.88	64.61	1.02	1.14
德国	1.13	0.03	-31.44	31.29	0.49	-32.18
加拿大	-0.35	-0.01	-32.92	65.04	1.02	1.57
意大利	22.48	0.69	-10.09	86.41	1.36	22.94
澳大利亚	-2.95	-0.09	-35.52	-	-	-
韩国	-3.94	-0.12	-36.51	99.44	1.57	35.96

	1990~2015 年森林面积增长率			1990~2015 年森林总蓄积量增长率		
	数值	倍数	差值	数值	倍数	差值
俄罗斯	0.82	0.03	−31.75	−	−	−
巴西	−9.72	−0.30	−42.30	48.64	0.77	−14.83
南非	0.00	0.00	−32.57	−6.08	−0.10	−69.55
印度	10.55	0.32	−22.02	112.52	1.77	49.05
G7 平均值	8.12	0.25	−24.45	86.43	1.36	22.95
金砖国家平均值	6.84	0.21	−25.73	54.64	0.86	−8.83

注：倍数 = 他国值÷中国值，差值 = 他国值 − 中国值。澳大利亚和俄罗斯缺少 1990~2015 年森林总蓄积量增长率数据。后同。

表 3-19　中国与典型发达国家及金砖国家生态活力建设进展比较

单位：%，百分点，倍

	1992~2015 年草原面积增长率			1990~2017 年自然保护区面积增长率		
	数值	倍数	差值	数值	倍数	差值
中国	0.44	1.00	0.00	17.83	1.00	0.00
美国	−0.26	−0.59	−0.70	151.94	8.52	134.11
日本	8.68	19.67	8.24	408.95	22.93	391.12
英国	−3.05	−6.92	−3.49	374.88	21.02	357.05
法国	3.50	7.92	3.05	386.20	21.66	368.37
德国	1.22	2.75	0.77	101.91	5.72	84.08
加拿大	0.79	1.79	0.35	71.81	4.03	53.98
意大利	5.48	12.43	5.04	513.09	28.77	495.26
澳大利亚	1.57	3.56	1.13	347.42	19.48	329.59
韩国	22.39	50.73	21.95	115.69	6.49	97.86
俄罗斯	3.48	7.88	3.04	112.15	6.29	94.32
巴西	13.03	29.51	12.58	504.19	28.27	486.36
南非	1.40	3.16	0.95	297.70	16.69	279.87
印度	0.32	0.73	−0.12	26.98	1.51	9.15
G7 平均值	2.34	5.31	1.90	286.97	16.09	269.14
金砖国家平均值	3.73	8.48	3.29	191.77	10.75	173.94

3. 中国环境质量领域进展与典型发达国家及金砖国家比较

环境质量领域是中国生态文明建设的短板，也是我国打响蓝天、碧水、净土保卫战的重中之重。中国是制造业大国和农业生产大国，1990～2016 年 PM2.5 年均浓度下降率、2002～2015 年化肥施用强度下降率均低于 G7 和金砖国家平均水平，2000～2015 年安全管理卫生设施普及增长率为 105.37%，高于 G7 和金砖国家平均水平。中国 1990～2016 年 PM2.5 年均浓度下降率为 -16.18%，G7 平均值为 13.81%，金砖国家平均值为 -0.31%（见表 3-20、3-21）。随着中国人口基数的增大、人均预期寿命的延长，维护粮食安全引起各方重视，减少农药和化肥施用离不开农业技术创新，以转基因育种技术为主导的第二次绿色革命正在全球逐步兴起。

表 3-20　中国与典型发达国家及金砖国家环境质量建设进展比较

单位：%，百分点，倍

	1990～2016 年 PM2.5 年均浓度下降率			2000～2015 年安全管理卫生设施普及增长率		
	数值	倍数	差值	数值	倍数	差值
中国	-16.18	1.00	0.00	105.37	1.00	0.00
美国	19.17	-1.18	35.35	0.48	0.00	-104.90
日本	-3.44	0.21	12.74	1.61	0.02	-103.76
英国	20.52	-1.27	36.70	0.30	0.00	-105.08
法国	16.19	-1.00	32.37	5.25	0.05	-100.13
德国	22.88	-1.41	39.06	-1.02	-0.01	-106.40
加拿大	4.94	-0.31	21.12	5.08	0.05	-100.30
意大利	16.46	-1.02	32.64	—	—	—
澳大利亚	8.79	-0.54	24.97	13.39	0.13	-91.99
韩国	-12.22	0.75	3.97	14.97	0.14	-90.41
俄罗斯	29.87	-1.85	46.05	—	—	—
巴西	14.40	-0.89	30.58	46.64	0.44	-58.73
南非	-2.97	0.18	13.21	—	—	—
印度	-26.66	1.65	-10.48	—	—	—
G7 平均值	13.81	-0.85	30.00	1.95	0.02	-103.43
金砖国家平均值	-0.31	0.02	15.87	76.01	0.72	-29.37

注：意大利、俄罗斯、南非、印度无 2000～2015 年安全管理卫生设施普及增长率数据。

表 3 - 21　中国与典型发达国家及金砖国家环境质量建设进展比较

单位：%，百分点，倍

	2002～2015 年化肥施用强度下降率			1990～2016 年农药施用强度下降率		
	数值	倍数	差值	数值	倍数	差值
中国	-34.08	1.00	0.00	-136.81	1.00	0.00
美国	-21.78	0.64	12.30	-24.01	0.18	112.80
日本	33.21	-0.97	67.29	27.18	-0.20	163.99
英国	22.62	-0.66	56.70	28.25	-0.21	165.06
法国	20.14	-0.59	54.22	28.65	-0.21	165.46
德国	8.11	-0.24	42.20	-52.61	0.38	84.20
加拿大	-58.97	1.73	-24.89	-164.84	1.20	-28.03
意大利	24.66	-0.72	58.75	18.23	-0.13	155.04
澳大利亚	-12.60	0.37	21.49	-196.48	1.44	-59.67
韩国	10.47	-0.31	44.55	-8.48	0.06	128.33
俄罗斯	-21.48	0.63	12.61	-	-	-
巴西	-35.44	1.04	-1.36	-375.03	2.74	-238.22
南非	4.40	-0.13	38.48	-65.85	0.48	70.96
印度	-70.42	2.07	-36.34	29.78	-0.22	166.59
G7 平均值	4.00	-0.12	38.08	-19.88	0.15	116.93
金砖国家平均值	-31.40	0.92	2.68	-136.98	1.00	-0.17

注：俄罗斯无 1990～2016 年农药施用强度下降率数据。

4. 中国社会发展领域进展与典型发达国家及金砖国家比较

中国社会发展领域的进展态势引领着生态文明建设的其他领域。中国 1990～2017 年人均 GNI 增长率、1990～2017 年城镇化增长率、1990～2016 年高等教育入学增长率和 1990～2017 年出生时的预期寿命增长率均高于 G7 和金砖国家平均值。中国正处于产业结构调整与优化过程中，1990～2017 年服务业附加值占 GDP 比例增长率低于 G7 和金砖国家平均值，接近金砖国家平均值。中国 1990～2017 年人均 GNI 增长率为 59.35%，高出 G7 平均水平 50.14 个百分点，以及金砖国家平均水平 12.43 个百分点，只有俄罗斯的增长率比中国高 12.93 个百分点。中国 1990～2017 年城镇化增长率为 118.98%，高出 G7 国家平均水平 110.44 个百分点，以及金砖国家平均水平 80.11 个百分点。中国 1990～2016 年高等教育入学增长率为

1510.75%，G7 平均值为 105.39%，金砖国家平均值为 494.05%。中国 1990~2017 年出生时的预期寿命增长率为 10.04%，高于 G7 平均增长率 (6.58%)，而金砖国家中，巴西和印度分别以 15.63% 和 18.38% 的增长率 高于中国（见表 3-22、3-23、3-24）。

表 3-22　中国与典型发达国家及金砖国家社会发展建设进展比较

单位：%，百分点，倍

	1990~2017 年人均 GNI 增长率			1990~2017 年服务业附加值 占 GDP 比例增长率		
	数值	倍数	差值	数值	倍数	差值
中国	59.35	1.00	0.00	51.63	1.00	0.00
美国	-	-	-	77.02	1.49	25.39
日本	-	-	-	68.78	1.33	17.15
英国	4.16	0.07	-55.19	70.07	1.36	18.44
法国	13.29	0.22	-46.05	70.24	1.36	18.61
德国	-	-	-	61.90	1.20	10.27
加拿大	-	-	-	64.65	1.25	13.03
意大利	10.16	0.17	-49.19	66.28	1.28	14.66
澳大利亚	12.81	0.22	-46.54	66.97	1.30	15.34
韩国	12.77	0.22	-46.57	52.84	1.02	1.22
俄罗斯	72.28	1.22	12.93	56.18	1.09	4.56
巴西	39.68	0.67	-19.67	63.07	1.22	11.44
南非	21.85	0.37	-37.50	61.49	1.19	9.87
印度	41.47	0.70	-17.88	48.93	0.95	-2.70
G7 平均值	9.20	0.16	-50.14	68.42	1.33	16.79
金砖国家平均值	46.92	0.79	-12.43	56.26	1.09	4.63

注：美国、日本、德国、加拿大无 1990~2017 年人均 GNI 增长率数据。

表 3-23　中国与典型发达国家及金砖国家社会发展建设进展比较

单位：%，百分点，倍

	1990~2017 年城镇化增长率			1990~2016 年高等教育入学增长率		
	数值	倍数	差值	数值	倍数	差值
中国	118.98	1.00	0.00	1510.75	1.00	0.00
美国	8.84	0.07	-110.14	-	-	-
日本	21.95	0.18	-97.03	115.40	0.08	-1395.35

续表

	1990～2017 年城镇化增长率			1990～2016 年高等教育入学增长率		
	数值	倍数	差值	数值	倍数	差值
英国	6.31	0.05	-112.67	116.51	0.08	-1394.24
法国	8.00	0.07	-110.98	76.55	0.05	-1434.20
德国	3.56	0.03	-115.42	-	-	-
加拿大	7.31	0.06	-111.67	-	-	-
意大利	3.82	0.03	-115.16	113.11	0.07	-1397.64
澳大利亚	5.02	0.04	-113.97	246.05	0.16	-1264.70
韩国	12.01	0.10	-106.97	155.45	0.10	-1355.30
俄罗斯	1.10	0.01	-117.88	48.73	0.03	-1462.02
巴西	16.57	0.14	-102.41	-	-	-
南非	26.41	0.22	-92.57	64.87	0.04	-1445.88
印度	31.27	0.26	-87.71	351.84	0.23	-1158.91
G7 平均值	8.54	0.07	-110.44	105.39	0.07	-1405.36
金砖国家平均值	38.87	0.33	-80.11	494.05	0.33	-1016.70

注：美国、德国、加拿大、巴西无 1990～2016 年高等教育入学增长率数据。

表 3 - 24　中国与典型发达国家及金砖国家社会发展建设进展比较

单位：%，百分点，倍

	1990～2017 年出生时的预期寿命增长率		
	数值	倍数	差值
中国	10.04	1.00	0.00
美国	4.62	0.46	-5.42
日本	6.53	0.65	-3.51
英国	6.69	0.67	-3.35
法国	7.41	0.74	-2.64
德国	7.20	0.72	-2.85
加拿大	6.36	0.63	-3.68
意大利	7.24	0.72	-2.80
澳大利亚	7.15	0.71	-2.89
韩国	14.56	1.45	4.52
俄罗斯	3.93	0.39	-6.11
巴西	15.63	1.56	5.59

	1990～2017 年出生时的预期寿命增长率		
	数值	倍数	差值
南非	1.15	0.11	−8.90
印度	18.38	1.83	8.34
G7 平均值	6.58	0.65	−3.46
金砖国家平均值	9.83	0.98	−0.22

5. 中国协调程度领域与典型发达国家及金砖国家比较

中国协调程度领域各指标的进展状况不尽相同。1990～2014 年单位 GDP 能耗下降率、1990～2015 年单位 GDP 水资源效率增长率和 1990～2014 年单位 GDP 二氧化碳排放量下降率都高于有数据的 G7 和金砖国家平均水平，而 1990～2014 年化石能源消费比例下降率低于 G7 和金砖国家平均水平，1992～2014 年淡水抽取比例下降率低于 G7 平均水平，略高于金砖国家平均水平。从 1987 年《我们共同的未来》到 2015 年《巴黎协定》签署，中国森林覆盖率、森林总蓄积量和资源能源节能降耗等方面有了很大进步。中国 1990～2014 年单位 GDP 能耗下降率为 65.11%，G7 平均值为 29.07%，金砖国家平均值为 29.09%。中国 1990～2014 年单位 GDP 二氧化碳排放量下降率为 58.05%，与 G7 平均水平的差值为 22.67 个百分点，与金砖国家平均水平的差值为 40.61 个百分点。中国 1990～2014 年化石能源消费比例下降率为 −15.55%，金砖国家的平均下降率为 −13.02%，其中，印度的下降率为 −36.64%（见表 3-25、3-26、3-27）。

在生态文明建设纳入我国"五位一体"战略布局后，国家对节能减排工程的投入力度持续加大，相关政策体系也不断完善，国务院办公厅印发的《2014～2015 年节能减排低碳发展行动方案》以及原环保部会同相关部门印发的《煤电节能减排升级与改造行动计划（2014～2020 年）》等文件，有力推进了全国节能减排工程实施。在化石能源消费结构上，虽然仍面临"一煤独大"的局面，但中国正在积极提升新能源、可再生能源消费比重。

表 3 - 25　中国与典型发达国家及金砖国家协调程度建设进展比较

单位：%，百分点，倍

	1990~2014 年单位 GDP 能耗下降率			1990~2014 年化石能源消费 比例下降率		
	数值	倍数	差值	数值	倍数	差值
中国	65.11	1.00	0.00	-15.55	1.00	0.00
美国	35.28	0.54	-29.83	4.05	-0.26	19.60
日本	19.95	0.31	-45.17	-11.95	0.77	3.60
英国	45.86	0.70	-19.25	8.85	-0.57	24.39
法国	24.83	0.38	-40.28	20.54	-1.32	36.09
德国	38.60	0.59	-26.51	8.21	-0.53	23.76
加拿大	24.73	0.38	-40.38	0.28	-0.02	15.83
意大利	14.27	0.22	-50.84	15.89	-1.02	31.44
澳大利亚	30.72	0.47	-34.39	0.56	-0.04	16.11
韩国	15.07	0.23	-50.04	1.65	-0.11	17.20
俄罗斯	33.00	0.51	-32.11	3.40	-0.22	18.94
巴西	-6.43	-0.10	-71.54	-15.43	0.99	0.12
南非	12.88	0.20	-52.23	-0.87	0.06	14.67
印度	40.88	0.63	-24.23	-36.64	2.36	-21.09
G7 平均值	29.07	0.45	-36.04	6.55	-0.42	22.10
金砖国家平均值	29.09	0.45	-36.02	-13.02	0.84	2.53

表 3 - 26　中国与典型发达国家及金砖国家协调程度建设进展比较

单位：%，百分点，倍

	1990~2015 年单位 GDP 水资源效率增长率			1992~2014 年淡水抽取 比例下降率		
	数值	倍数	差值	数值	倍数	差值
中国	803.61	1.00	0.00	-19.96	1.00	0.00
美国	83.38	0.10	-720.23	9.98	-0.50	29.94
日本	-	-	-	11.14	-0.56	31.10
英国	129.42	0.16	-674.19	33.30	-1.67	53.26
法国	-	-	-	23.97	-1.20	43.93
德国	-	-	-	28.70	-1.44	48.66
加拿大	-	-	-	13.95	-0.70	33.91
意大利	-	-	-	-	-	-

	1990~2015 年单位 GDP 水资源效率增长率			1992~2014 年淡水抽取比例下降率		
	数值	倍数	差值	数值	倍数	差值
澳大利亚	–	–	–	–	–	–
韩国	–	–	–	–	–	–
俄罗斯	–	–	–	–	–	–
巴西	–	–	–	–	–	–
南非	56.20	0.07	– 747.42	– 16.63	0.83	3.33
印度	174.20	0.22	– 629.41	– 29.50	1.48	– 9.54
G7 平均值	106.40	0.13	– 697.21	20.17	– 1.01	40.13
金砖国家平均值	344.67	0.43	– 458.94	– 22.03	1.10	– 2.07

注：日本、法国、德国、加拿大、意大利、澳大利亚、韩国、俄罗斯和巴西无1990~2015 年单位 GDP 水资源效率增长率数据。意大利、澳大利亚、韩国、俄罗斯、巴西无1992~2014 年淡水抽取比例下降率数据。

表 3 - 27　中国与典型发达国家及金砖国家协调程度建设进展比较

单位：%，百分点，倍

	1990~2014 年单位 GDP 二氧化碳排放量下降率		
	数值	倍数	差值
中国	58.05	1.00	0.00
美国	39.08	0.67	– 18.97
日本	11.95	0.21	– 46.10
英国	53.07	0.91	– 4.98
法国	43.98	0.76	– 14.08
德国	–	–	–
加拿大	29.86	0.51	– 28.19
意大利	34.32	0.59	– 23.74
澳大利亚	34.54	0.60	– 23.51
韩国	30.10	0.52	– 27.95
俄罗斯	–	–	–
巴西	– 24.81	– 0.43	– 82.87
南非	15.75	0.27	– 42.31
印度	20.77	0.36	– 37.28
G7 平均值	35.38	0.61	– 22.67
金砖国家平均值	17.44	0.30	– 40.61

注：德国、俄罗斯无1990~2014 年单位 GDP 二氧化碳排放量下降率数据。

第三节　建设进展态势的国际比较

作为静态发展分析，生态文明建设进步指数的国际比较能够直观地表现各国生态文明建设的成效；作为动态发展分析，生态文明建设进展态势的国际比较能够反映各国生态文明建设的整体趋势，通过各阶段的发展态势预估下一阶段的发展情况。通过与发达国家和世界各国进展趋势对比，中国可以积极借鉴发达国家先进的治理经验，明确国内生态文明建设的重点与难点。

一　国际生态文明建设进展态势整体情况

国际生态文明建设进展态势整体情况并不乐观，大部分国家建设速度不断放慢。1990～2000 年、2000～2010 年和 2010～2017 年三个阶段的生态文明建设年均进步变化率比较显示[1]，1990～2010 年，有 61 个国家的生态文明建设进展呈现加速状态，占样本国家的 52.1%；纳米比亚生态文明建设年均进步变化率最高，为 3.84%；塞浦路斯的年均进步变化率最低，为 -3.62%。2000～2017 年，仅有 40 个国家的进展呈现加速状态，仅占样本国家的 34.2%。巴基斯坦生态文明建设年均进步变化率最高，为 12.42%；阿塞拜疆年均进步变化率最低，为 -6.40%（见表 3 -28）。

表 3 -28　1990～2017 年生态文明建设年均进步变化率

单位：%

国家	1990～2010 年生态文明建设年均进步变化率	2000～2017 年生态文明建设年均进步变化率	国家	1990～2010 年生态文明建设年均进步变化率	2000～2017 年生态文明建设年均进步变化率
阿尔巴尼亚	0.12	6.01	毛里求斯	-0.14	-0.45
阿尔及利亚	-0.46	-2.43	美国	0.31	0.61

---

[1]　1990～2010 年生态文明建设年均进步变化率，为 2000～2010 年年均进步率减去 1990～2000 年年均进步率的差值。2000～2017 年生态文明建设年均进步变化率，为 2010～2017 年年均进步率减去 2000～2010 年年均进步率的差值。

续表

国家	1990~2010年生态文明建设年均进步变化率	2000~2017年生态文明建设年均进步变化率	国家	1990~2010年生态文明建设年均进步变化率	2000~2017年生态文明建设年均进步变化率
阿根廷	0.93	－0.03	孟加拉国	－1.46	1.48
埃及	－3.08	0.52	秘鲁	0.61	－1.82
阿拉伯联合酋长国	－0.48	－0.61	缅甸	1.54	－3.84
阿塞拜疆	2.55	－6.40	摩尔多瓦	0.39	－1.20
埃塞俄比亚	0.44	－0.50	摩洛哥	3.16	－4.20
爱尔兰	－3.07	－0.43	莫桑比克	－1.75	0.66
爱沙尼亚	－1.53	－0.62	墨西哥	－0.98	4.38
安哥拉	－0.16	－0.07	纳米比亚	3.84	－2.61
奥地利	－0.22	－0.64	南非	1.58	－1.65
澳大利亚	0.51	－0.65	尼泊尔	0.30	－2.05
巴基斯坦	3.47	12.42	尼加拉瓜	－0.01	0.15
巴拉圭	－1.51	2.98	尼日尔	3.12	－4.15
巴林	0.16	－4.57	挪威	－1.59	－0.17
巴拿马	－0.86	－0.02	葡萄牙	0.51	8.22
巴西	0.98	－0.64	日本	0.44	5.40
白俄罗斯	0.40	－0.38	瑞典	－0.73	0.09
保加利亚	0.91	－3.55	瑞士	－2.13	－0.04
比利时	0.51	－1.06	萨尔瓦多	2.79	－2.38
冰岛	0.50	－2.26	塞尔维亚	－0.01	－0.14
波兰	－1.54	1.50	塞内加尔	0.80	－1.82
波斯尼亚和黑塞哥维那	1.47	－2.20	塞浦路斯	－3.62	－1.27
玻利维亚	－0.99	1.30	沙特阿拉伯	－3.13	－2.94
博茨瓦纳	0.06	－0.82	斯里兰卡	1.22	－0.38
韩国	0.67	0.42	斯洛伐克	1.60	－1.01
丹麦	－0.72	－0.11	斯洛文尼亚	1.44	－2.42
德国	－0.13	－0.33	苏丹	－0.14	2.14
多哥	0.40	－0.63	苏里南	0.01	－0.10
多米尼加	0.51	0.74	塔吉克斯坦	0.75	－4.31

续表

国家	1990~2010年生态文明建设年均进步变化率	2000~2017年生态文明建设年均进步变化率	国家	1990~2010年生态文明建设年均进步变化率	2000~2017年生态文明建设年均进步变化率
俄罗斯	-0.37	-0.63	泰国	0.18	1.84
厄瓜多尔	0.64	0.15	坦桑尼亚	-2.03	1.49
法国	-0.22	0.02	特立尼达和多巴哥	-1.26	0.92
芬兰	-3.21	2.43	突尼斯	1.06	-0.11
哥伦比亚	0.80	-0.55	土耳其	-2.55	-0.26
哥斯达黎加	1.69	0.09	危地马拉	-0.76	-2.64
古巴	1.72	-2.44	委内瑞拉	-0.55	0.78
哈萨克斯坦	-0.81	-0.37	文莱	-1.84	1.07
荷兰	-0.89	0.51	乌克兰	0.23	-0.85
黑山	0.16	-2.47	乌拉圭	-0.50	2.24
洪都拉斯	0.05	0.20	西班牙	-0.75	-0.03
吉尔吉斯斯坦	-0.59	-1.35	希腊	0.43	-1.33
加拿大	0.14	-0.35	新加坡	-0.50	-3.30
加纳	-0.74	0.07	新西兰	2.95	-2.09
捷克	0.22	-0.82	匈牙利	-0.24	-1.10
津巴布韦	-1.31	0.78	牙买加	0.12	-1.95
喀麦隆	1.51	-1.72	亚美尼亚	-1.48	-1.12
卡塔尔	-0.74	5.89	也门	-1.78	-0.66
科特迪瓦	1.60	-2.45	伊朗	0.69	-2.09
科威特	1.47	-2.16	以色列	-0.46	0.40
克罗地亚	1.13	-1.08	意大利	-1.19	-0.37
肯尼亚	0.12	-0.42	印度	0.33	-1.02
拉脱维亚	-1.20	-0.12	印度尼西亚	0.99	-0.96
黎巴嫩	1.21	-2.18	英国	0.91	1.70
立陶宛	-1.69	2.55	约旦	-0.09	-3.50
卢森堡	-1.90	0.72	赞比亚	0.37	-2.61
罗马尼亚	-0.32	-1.28	智利	1.29	4.17
马耳他	-1.38	10.82	中国	-0.45	0.85
马来西亚	-0.51	1.23			

1. 生态文明建设整体进展态势

1990 年以来，变化率持续加速的国家有 13 个，如美国、日本、英国等，占样本价国家的 11.1%；经历减速后加速的国家有 27 个，如中国、法国、瑞典等，占比 23.1%；而加速后转为减速发展的国家有 48 个，如印度、巴西、澳大利亚等，占比 41%；持续减速的国家有 29 个，如瑞士、德国、俄罗斯等，占比 24.8%。

2. 生态活力建设进展态势

生态活力领域建设的进展态势较慢。1990～2010 年和 2000～2017 年两个阶段分别只有 48 个国家和 45 个国家的生态活力建设进展呈现加速态势，占比不足样本国家的一半。其中，持续加速的国家有 13 个，如加拿大、美国、阿根廷等，占样本国家的 11.1%；先减速后加速的国家有 32 个，如法国、日本、巴西等，占比 27.4%；先加速后减速的国家有 35 个，如中国、印度、南非等，占比 29.9%；持续减速的国家有 37 个，如意大利、俄罗斯、德国等，占比 31.6%。1990～2010 年，新西兰生态活力年均进步变化率最高，为 9.50%，爱尔兰最低，为 -10.90%；2000～2017 年，马耳他生态活力年均进步变化率最高，为 36.51%，巴林最低，为 -13.05%（见表 3-29）。

表 3-29　1990～2017 年生态活力建设年均进步变化率

单位：%

国家	1990～2010 年生态活力年均进步变化率	2000～2017 年生态活力年均进步变化率	国家	1990～2010 年生态活力年均进步变化率	2000～2017 年生态活力年均进步变化率
阿尔巴尼亚	-0.52	23.45	毛里求斯	-0.69	0.39
阿尔及利亚	0.82	-2.28	美国	0.44	4.52
阿根廷	3.39	0.59	孟加拉国	-3.02	2.95
埃及	-5.87	-0.05	秘鲁	1.57	-6.04
阿拉伯联合酋长国	-0.54	-2.25	缅甸	2.96	-1.00
阿塞拜疆	1.56	-8.50	摩尔多瓦	0.39	-1.09
埃塞俄比亚	2.21	0.09	摩洛哥	8.15	-12.52

国家	1990～2010年生态活力年均进步变化率	2000～2017年生态活力年均进步变化率	国家	1990～2010年生态活力年均进步变化率	2000～2017年生态活力年均进步变化率
爱尔兰	−10.90	0.95	莫桑比克	1.04	0.36
爱沙尼亚	−1.35	−4.54	墨西哥	−3.51	13.81
安哥拉	−2.07	0.30	纳米比亚	5.18	−4.04
奥地利	−0.77	−0.19	南非	3.40	−3.21
澳大利亚	0.24	−2.09	尼泊尔	−1.59	−0.68
巴基斯坦	3.41	−1.52	尼加拉瓜	−2.60	−2.84
巴拉圭	−2.44	7.68	尼日尔	7.01	−3.76
巴林	−1.33	−13.05	挪威	0.46	−5.48
巴拿马	−1.48	0.44	葡萄牙	−2.68	30.40
巴西	−0.23	0.32	日本	−0.38	19.58
白俄罗斯	−0.66	0.57	瑞典	−1.84	0.54
保加利亚	2.97	−6.35	瑞士	−5.14	−1.57
比利时	−1.26	−0.66	萨尔瓦多	9.03	−10.23
冰岛	−0.01	−2.23	塞尔维亚	−0.69	−0.54
波兰	−0.82	2.04	塞内加尔	1.15	−0.72
波斯尼亚和黑塞哥维那	7.55	−7.74	塞浦路斯	−9.40	−2.80
玻利维亚	−3.23	2.04	沙特阿拉伯	−9.55	−11.48
博茨瓦纳	−2.04	−0.38	斯里兰卡	−0.65	3.37
韩国	1.46	4.15	斯洛伐克	0.51	−0.86
丹麦	−0.14	−0.62	斯洛文尼亚	3.82	−4.08
德国	−0.13	−0.77	苏丹	2.79	2.93
多哥	1.56	−1.48	苏里南	−2.18	−1.63
多米尼加	−1.95	4.00	塔吉克斯坦	−6.10	0.13
俄罗斯	−2.55	−1.29	泰国	1.83	0.20
厄瓜多尔	−0.40	−0.45	坦桑尼亚	−0.14	5.05
法国	−1.65	1.74	特立尼达和多巴哥	−0.43	−2.38
芬兰	−3.55	−0.03	突尼斯	4.68	−1.03
哥伦比亚	1.38	−2.32	土耳其	−9.69	−0.99
哥斯达黎加	−2.36	3.37	危地马拉	−2.75	−4.20

国家	1990～2010年生态活力年均进步变化率	2000～2017年生态活力年均进步变化率	国家	1990～2010年生态活力年均进步变化率	2000～2017年生态活力年均进步变化率
古巴	2.21	-0.12	委内瑞拉	-0.83	0.04
哈萨克斯坦	0.24	-0.50	文莱	0.53	-9.22
荷兰	-1.81	0.80	乌克兰	-2.08	-0.29
黑山	1.50	3.44	乌拉圭	-0.37	2.46
洪都拉斯	-0.09	1.90	西班牙	-3.39	3.70
吉尔吉斯斯坦	-0.94	0.01	希腊	-2.29	1.72
加拿大	0.14	0.66	新加坡	-0.72	-3.06
加纳	0.38	0.90	新西兰	9.50	-7.22
捷克	-0.12	-0.30	匈牙利	0.58	-1.93
津巴布韦	-1.28	-0.38	牙买加	-3.62	-0.88
喀麦隆	1.10	-2.11	亚美尼亚	-2.59	-0.17
卡塔尔	0.17	14.87	也门	-6.43	-0.71
科特迪瓦	1.49	-1.66	伊朗	-2.12	-0.10
科威特	5.36	-6.29	以色列	-1.01	-0.28
克罗地亚	2.48	-3.37	意大利	-3.34	-1.33
肯尼亚	-1.96	0.27	印度	0.89	-0.41
拉脱维亚	-1.21	-1.72	印度尼西亚	2.04	-3.07
黎巴嫩	-0.56	-1.74	英国	-0.20	8.39
立陶宛	-4.25	-0.31	约旦	-2.99	-1.74
卢森堡	-3.89	1.24	赞比亚	0.25	-1.18
罗马尼亚	0.87	-0.94	智利	0.81	15.46
马耳他	-2.24	36.51	中国	0.87	-1.54
马来西亚	1.76	0.64			

3. 环境质量建设进展态势

环境质量领域建设进展呈整体降速态势，2000～2016年，有74个国家环境质量建设进展呈现减速态势，占比63.2%。1990～2010年和2000～2016年两个阶段分别只有51个国家和43个国家的环境质量建设进展呈现加速态势，占比不足样本国家的一半。其中，持续加速的国家有7个，如中国、新西兰、巴基斯坦等，占样本国家的 6.0%；先减速后加速的国家有 36 个，如俄罗斯、瑞士、芬兰等，占比 30.8%；先加速后减速的国家有 44 个，如美国、日本、英国等，占比 37.6%；持续减速的国家有 30 个，如印度、德国、加拿大等，占比 25.6%。1990～2010 年，哥斯达黎加环境质量年均进步变化率最高，为 8.51%，坦桑尼亚变化率最低，为 -7.80%；2000～2016 年，巴基斯坦环境质量年均进步变化率最高，为 51.71%，黑山的变化率最低，为 -16.36%（见表 3-30）。

表 3-30　1990～2016 年环境质量建设年均进步变化率

单位：%

国家	1990～2010 年环境质量年均进步变化率	2000～2016 年环境质量年均进步变化率	国家	1990～2010 年环境质量年均进步变化率	2000～2016 年环境质量年均进步变化率
阿尔巴尼亚	0.51	1.95	毛里求斯	1.41	-1.86
阿尔及利亚	-3.78	-5.92	美国	0.83	-2.22
阿根廷	0.81	-0.04	孟加拉国	-1.92	1.08
埃及	-5.69	1.94	秘鲁	1.03	-1.07
阿拉伯联合酋长国	0.07	-3.36	缅甸	-2.48	-4.43
阿塞拜疆	-2.21	-4.38	摩尔多瓦	-2.27	-3.36
埃塞俄比亚	-3.38	1.68	摩洛哥	1.31	-2.82
爱尔兰	0.76	-3.89	莫桑比克	-7.69	9.08
爱沙尼亚	-4.04	1.98	墨西哥	1.65	-0.65
安哥拉	-2.76	1.77	纳米比亚	0.70	-6.27
奥地利	0.67	-2.85	南非	2.06	-2.60
澳大利亚	1.39	-1.02	尼泊尔	-2.47	-3.56
巴基斯坦	7.62	51.71	尼加拉瓜	1.59	3.18
巴拉圭	-4.25	2.20	尼日尔	5.33	-10.81
巴林	2.63	-3.44	挪威	-3.70	0.86
巴拿马	-3.19	-2.69	葡萄牙	1.85	-0.16
巴西	2.20	-0.55	日本	1.38	-0.92
白俄罗斯	-3.94	4.77	瑞典	-0.37	-0.26
保加利亚	-0.83	-4.92	瑞士	-2.18	1.47

续表

国家	1990~2010年环境质量年均进步变化率	2000~2016年环境质量年均进步变化率	国家	1990~2010年环境质量年均进步变化率	2000~2016年环境质量年均进步变化率
比利时	1.73	-2.62	萨尔瓦多	-1.28	1.02
冰岛	1.27	-1.34	塞尔维亚	-1.35	-0.17
波兰	-4.28	3.01	塞内加尔	2.23	-7.90
波斯尼亚和黑塞哥维那	-3.00	0.23	塞浦路斯	-4.27	1.45
玻利维亚	-2.06	3.13	沙特阿拉伯	-0.75	-1.68
博茨瓦纳	0.55	0.09	斯里兰卡	2.36	-3.53
韩国	1.33	-2.16	斯洛伐克	-2.51	0.07
丹麦	-2.05	1.19	斯洛文尼亚	0.42	-2.79
德国	-0.69	-0.10	苏丹	-2.48	4.33
多哥	-0.05	-5.27	苏里南	-1.67	1.94
多米尼加	1.26	-0.41	塔吉克斯坦	1.68	-5.05
俄罗斯	-2.32	1.31	泰国	-2.57	7.41
厄瓜多尔	1.92	0.94	坦桑尼亚	-7.80	1.25
法国	1.46	-2.64	特立尼达和多巴哥	-3.11	4.73
芬兰	-1.92	3.33	突尼斯	-1.09	2.09
哥伦比亚	2.24	-0.04	土耳其	-0.65	-0.77
哥斯达黎加	8.51	-4.90	危地马拉	-1.71	-2.44
古巴	1.76	-5.06	委内瑞拉	2.94	-2.47
哈萨克斯坦	-4.52	-1.69	文莱	-5.17	13.02
荷兰	1.24	-1.24	乌克兰	-5.23	1.35
黑山	-1.61	-16.36	乌拉圭	-2.16	5.84
洪都拉斯	-0.99	-0.66	西班牙	0.30	-2.63
吉尔吉斯斯坦	-3.46	0.19	希腊	2.30	-4.16
加拿大	-0.55	-0.93	新加坡	-1.01	-8.54
加纳	-5.57	-0.14	新西兰	0.01	0.31
捷克	-2.67	-1.22	匈牙利	-4.74	-0.60
津巴布韦	-1.47	1.97	牙买加	0.63	-3.24

续表

国家	1990～2010年环境质量年均进步变化率	2000～2016年环境质量年均进步变化率	国家	1990～2010年环境质量年均进步变化率	2000～2016年环境质量年均进步变化率
喀麦隆	-1.25	-6.28	亚美尼亚	-3.41	-0.26
卡塔尔	-5.00	8.59	也门	4.08	-1.38
科特迪瓦	3.29	-6.60	伊朗	2.99	-7.17
科威特	-0.07	-2.55	以色列	-0.50	0.78
克罗地亚	-0.26	-0.31	意大利	-0.20	-1.10
肯尼亚	-0.41	-0.85	印度	-2.32	-0.21
拉脱维亚	-5.12	2.23	印度尼西亚	-1.05	-1.65
黎巴嫩	1.37	-1.64	英国	2.25	-2.50
立陶宛	-4.22	0.46	约旦	3.27	-9.67
卢森堡	1.56	-1.25	赞比亚	1.43	-3.75
罗马尼亚	-4.24	0.94	智利	2.60	-1.07
马耳他	1.27	-7.19	中国	0.24	2.74
马来西亚	-1.67	2.60			

4. 社会发展进展态势

在社会发展领域，样本国家 1990～2010 年的进展态势整体好于 2000～2017 年。1990～2010 年，有 61 个国家的社会发展进展呈现加速态势，占比 52.14%；2000～2017 年，仅有 41 个国家的进展呈现加速态势，占比 35.04%。在两个阶段中，持续加速的国家有 15 个，如爱尔兰、智利等，占样本国家的 12.82%；先减速后加速的国家有 26 个，如美国、巴西等，占比 22.22%；先加速后减速的国家有 46 个，如中国、印度、南非等，占比 39.32%；持续减速的国家有 30 个，如英国、法国、德国等，占比 25.64%。1990～2010 年，乌克兰社会发展年均进步变化率最高，为 5.20%，也门变化率最低，为 -3.13%；2000～2017 年，阿拉伯联合酋长国社会发展年均进步变化率最高，为 3.99%，古巴变化率最低，为 -5.46%（见表 3-31）。

表 3 – 31 1990～2017 年社会发展年均进步变化率

单位：%

国家	1990～2010年社会发展年均进步变化率	2000～2017年社会发展年均进步变化率	国家	1990～2010年社会发展年均进步变化率	2000～2017年社会发展年均进步变化率
阿尔巴尼亚	– 1.06	– 1.10	毛里求斯	– 0.45	– 1.85
阿尔及利亚	1.06	0.09	美国	– 0.41	0.00
阿根廷	– 0.74	0.11	孟加拉国	0.27	– 0.12
埃及	– 0.01	– 0.25	秘鲁	– 0.13	0.64
阿拉伯联合酋长国	– 1.16	3.99	缅甸	0.07	– 0.01
阿塞拜疆	3.99	– 1.97	摩尔多瓦	2.98	– 1.56
埃塞俄比亚	2.52	– 3.20	摩洛哥	0.97	0.66
爱尔兰	0.56	0.00	莫桑比克	0.31	0.54
爱沙尼亚	0.48	– 0.30	墨西哥	– 0.09	0.38
安哥拉	2.85	– 2.67	纳米比亚	1.13	– 0.20
奥地利	– 0.26	– 0.25	南非	0.54	– 0.46
澳大利亚	– 0.40	– 0.09	尼泊尔	2.09	– 1.59
巴基斯坦	0.68	– 0.27	尼加拉瓜	0.72	0.37
巴拉圭	0.79	– 0.57	尼日尔	0.03	0.92
巴林	– 0.01	0.82	挪威	– 1.03	0.25
巴拿马	– 0.72	– 0.33	葡萄牙	– 1.25	– 0.91
巴西	– 0.82	0.34	日本	– 0.26	– 0.43
白俄罗斯	2.67	– 2.64	瑞典	– 1.10	– 0.58
保加利亚	0.60	– 0.98	瑞士	– 0.25	– 0.61
比利时	– 0.56	– 0.59	萨尔瓦多	– 1.16	– 0.81
冰岛	0.14	0.40	塞尔维亚	2.00	– 1.36
波兰	– 0.76	0.39	塞内加尔	0.59	0.72
波斯尼亚和黑塞哥维那	– 0.06	0.89	塞浦路斯	0.05	– 1.27
玻利维亚	– 0.92	1.50	沙特阿拉伯	– 0.22	2.17
博茨瓦纳	1.52	– 0.61	斯里兰卡	– 0.11	0.23
韩国	– 1.50	– 1.33	斯洛伐克	1.08	– 0.55
丹麦	– 0.62	– 0.31	斯洛文尼亚	– 0.35	– 1.32
德国	– 0.24	– 0.03	苏丹	2.42	– 1.37

续表

国家	1990～2010年社会发展年均进步变化率	2000～2017年社会发展年均进步变化率	国家	1990～2010年社会发展年均进步变化率	2000～2017年社会发展年均进步变化率
多哥	0.31	− 0.19	苏里南	− 0.29	0.89
多米尼加	− 0.15	− 0.21	塔吉克斯坦	4.35	− 3.72
俄罗斯	2.18	− 1.26	泰国	− 0.27	− 0.60
厄瓜多尔	1.32	− 0.71	坦桑尼亚	2.19	− 1.05
法国	− 0.82	− 0.11	特立尼达和多巴哥	− 0.95	1.13
芬兰	− 0.64	− 1.09	突尼斯	− 0.44	− 2.07
哥伦比亚	− 0.50	0.72	土耳其	0.04	1.73
哥斯达黎加	0.14	0.75	危地马拉	− 0.48	0.41
古巴	4.32	− 5.46	委内瑞拉	− 0.65	0.59
哈萨克斯坦	3.08	− 1.21	文莱	0.03	2.67
荷兰	− 0.94	− 0.03	乌克兰	5.20	− 3.31
黑山	0.74	− 0.08	乌拉圭	− 0.17	0.01
洪都拉斯	0.58	− 1.22	西班牙	− 0.50	− 0.36
吉尔吉斯斯坦	4.24	− 1.18	希腊	0.10	− 2.18
加拿大	− 0.36	− 0.03	新加坡	0.21	− 0.69
加纳	2.15	0.34	新西兰	0.54	− 0.13
捷克	1.20	− 1.67	匈牙利	0.56	− 1.88
津巴布韦	− 1.72	3.46	牙买加	0.93	− 1.23
喀麦隆	2.22	− 0.58	亚美尼亚	3.72	− 1.56
卡塔尔	− 0.02	1.18	也门	− 3.13	− 0.49
科特迪瓦	− 0.40	0.83	伊朗	1.67	0.03
科威特	0.00	− 0.37	以色列	− 0.78	0.05
克罗地亚	1.24	− 0.67	意大利	− 0.86	− 0.84
肯尼亚	1.33	− 0.19	印度	0.76	− 0.26
拉脱维亚	1.02	− 0.85	印度尼西亚	0.53	0.88
黎巴嫩	1.51	− 2.80	英国	− 1.24	− 0.45
立陶宛	0.30	− 0.20	约旦	− 0.29	− 1.67
卢森堡	− 1.07	0.07	赞比亚	− 1.03	− 0.35
罗马尼亚	− 0.10	− 1.57	智利	0.78	0.18

国家	1990~2010年社会发展年均进步变化率	2000~2017年社会发展年均进步变化率	国家	1990~2010年社会发展年均进步变化率	2000~2017年社会发展年均进步变化率
马耳他	-0.86	0.29	中国	2.42	-0.50
马来西亚	-0.44	0.18			

5. 协调程度进展态势

在协调程度领域，样本国家1990~2010年的进展态势明显好于2000~
2014年。1990~2010年，有74个国家的协调程度进展呈现加速态势，占比
63.25%；2000~2014年，仅有53个国家的进展呈现加速态势，占比
45.30%。这两个阶段中，持续加速的国家有23个，如法国、澳大利亚等，
占样本国家的19.66%；先减速后加速的国家有30个，如中国、南非等，
占比25.64%；先加速后减速的国家有51个，如美国、俄罗斯、印度等，
占比43.59%；持续减速的国家有13个，如阿根廷、丹麦等，占比11.11%。
1990~2010年，阿塞拜疆协调程度年均进步变化率最高，为6.78%，芬兰
变化率最低，为-5.22%；2000~2014年，立陶宛协调程度年均进步变化
率最高，为8.52%，塔吉克斯坦变化率最低，为-8.45%（见表3-32）。

表3-32 1990~2014年协调程度年均进步变化率

单位：%

国家	1990~2010年协调程度年均进步变化率	2000~2014年协调程度年均进步变化率	国家	1990~2010年协调程度年均进步变化率	2000~2014年协调程度年均进步变化率
阿尔巴尼亚	1.04	-4.49	毛里求斯	-0.73	0.58
阿尔及利亚	0.29	-0.92	美国	0.10	-0.65
阿根廷	-0.58	-0.72	孟加拉国	-0.38	1.16
埃及	0.34	0.30	秘鲁	-0.34	0.53
阿拉伯联合酋长国	-0.54	1.01	缅甸	4.22	-8.10
阿塞拜疆	6.78	-8.20	摩尔多瓦	1.30	0.66
埃塞俄比亚	0.82	-1.55	摩洛哥	0.80	0.54

国家	1990～2010年协调程度年均进步变化率	2000～2014年协调程度年均进步变化率	国家	1990～2010年协调程度年均进步变化率	2000～2014年协调程度年均进步变化率
爱尔兰	-0.25	0.87	莫桑比克	-0.61	-6.01
爱沙尼亚	-0.61	0.96	墨西哥	-1.09	1.13
安哥拉	2.40	-0.68	纳米比亚	6.46	0.66
奥地利	-0.39	0.55	南非	-0.12	0.11
澳大利亚	0.50	0.83	尼泊尔	3.59	-2.38
巴基斯坦	1.48	-0.05	尼加拉瓜	0.89	0.49
巴拉圭	0.54	0.72	尼日尔	-1.07	-1.52
巴林	-0.33	0.27	挪威	-2.14	4.07
巴拿马	1.64	1.91	葡萄牙	3.47	-2.43
巴西	2.07	-2.18	日本	0.83	-0.57
白俄罗斯	3.96	-4.50	瑞典	0.26	0.28
保加利亚	0.44	-0.88	瑞士	-0.03	0.52
比利时	1.79	-0.38	萨尔瓦多	1.93	1.87
冰岛	0.53	-4.39	塞尔维亚	0.80	0.90
波兰	-0.38	0.26	塞内加尔	-0.63	0.86
波斯尼亚和黑塞哥维那	-0.11	-0.23	塞浦路斯	0.88	-2.01
玻利维亚	2.12	-1.06	沙特阿拉伯	-0.14	2.00
博茨瓦纳	1.03	-2.11	斯里兰卡	2.83	-1.80
韩国	0.42	-0.28	斯洛伐克	6.39	-2.28
丹麦	-0.23	-0.59	斯洛文尼亚	0.80	-0.99
德国	0.38	-0.25	苏丹	-2.39	1.29
多哥	-0.35	3.88	苏里南	3.76	-0.78
多米尼加	2.68	-1.10	塔吉克斯坦	5.01	-8.45
俄罗斯	2.17	-1.28	泰国	1.07	0.06
厄瓜多尔	0.26	0.50	坦桑尼亚	-1.22	-0.60
法国	0.12	0.60	特立尼达和多巴哥	-0.69	0.92
芬兰	-5.22	5.91	突尼斯	-0.03	-0.04
哥伦比亚	-0.32	0.16	土耳其	1.73	-0.09
哥斯达黎加	0.84	0.63	危地马拉	1.86	-2.79

国家	1990~2010年协调程度年均进步变化率	2000~2014年协调程度年均进步变化率	国家	1990~2010年协调程度年均进步变化率	2000~2014年协调程度年均进步变化率
古巴	-0.11	-1.07	委内瑞拉	-3.12	4.30
哈萨克斯坦	-0.71	1.29	文莱	-2.36	0.59
荷兰	-1.72	1.94	乌克兰	4.60	-2.02
黑山	0.00	1.99	乌拉圭	0.59	0.14
洪都拉斯	0.80	-0.06	西班牙	0.89	-1.43
吉尔吉斯斯坦	-0.25	-4.09	希腊	1.77	-1.60
加拿大	0.94	-1.02	新加坡	-0.22	-0.49
加纳	0.73	-0.71	新西兰	0.07	0.04
捷克	2.47	-0.59	匈牙利	2.31	-0.29
津巴布韦	-1.00	-0.39	牙买加	3.03	-2.30
喀麦隆	3.86	1.91	亚美尼亚	-1.35	-2.56
卡塔尔	1.53	-2.98	也门	-1.34	-0.09
科特迪瓦	1.30	-1.43	伊朗	1.10	-0.92
科威特	-0.40	1.40	以色列	0.28	0.94
克罗地亚	0.89	0.36	意大利	-0.02	1.43
肯尼亚	2.02	-0.87	印度	1.78	-2.69
拉脱维亚	0.98	-0.12	印度尼西亚	1.88	0.80
黎巴嫩	2.68	-2.78	英国	1.99	-0.40
立陶宛	1.99	8.52	约旦	0.13	-1.04
卢森堡	-3.22	2.17	赞比亚	0.31	-4.23
罗马尼亚	1.63	-3.33	智利	0.95	-0.77
马耳他	-2.98	5.39	中国	-3.79	2.34
马来西亚	-1.85	1.20			

二 中国生态文明建设进展态势比较

1990~2017年，中国的生态文明建设可以分为1990~2000年、2000~2010年和2010~2017年三个阶段。这三个阶段的进步率也印证了生态文明建设在中国逐渐受到重视的过程。1990~2000年，中国刚刚走上市场经济道路，GDP 至上的发展观主导当时的社会经济建设。2000～2010 年，随着中国经济体量的上升，中国生态退化、环境破坏、资源紧缺的问题越来越明显，国家开始提倡建设环境友好型和资源节约型的"两型社会"。2010～2017 年，从生态文明建设纳入"五位一体"发展规划，到生态文明写入《宪法》，这一阶段对生态文明建设的重视程度前所未有。这一阶段中国生态文明建设成效显著，引领着世界各国为构建人类命运共同体而不懈努力。

1. 中国生态文明建设整体进展态势比较

1990～2017 年，中国生态文明建设始终保持整体进步态势。1990～2000 年、2000～2010 年和 2010～2017 年中国生态文明建设年均进步率分别为 2.04%、1.59% 和 2.44%，中国每个阶段的年均进步率均高于发达国家和 117 国平均水平（见表 3-33）。中国生态文明建设年均进步率的阶段性变化呈现先减速后加速趋势，与发达国家的发展趋势一致，而 117 个国家的年均进步率呈现逐渐减速趋势（见图 3-3）。

表 3-33　中国生态文明建设年均进步率国际比较

单位：%

	1990～2000 年	2000～2010 年	2010～2017 年
中国	2.04	1.59	2.44
117 国	0.92	0.90	0.69
发达国家	1.41	1.00	1.67

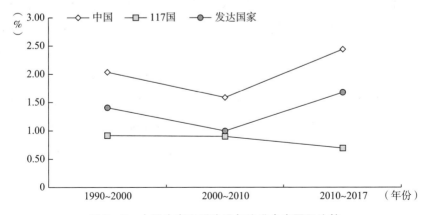

图 3-3　中国生态文明建设年均进步率国际比较

2. 中国生态文明建设具体领域进展态势比较

中国生态文明建设成效明显，主要得益于社会发展和协调程度领域的进步，而生态活力和环境质量领域仍面临赶超世界平均水平的压力。在生态活力领域，中国1990~2000年、2000~2010年和2010~2017年三个阶段的年均进步率均低于发达国家和117国平均水平（见表3-34、图3-4）。在环境质量领域，中国1990~2000年和2000~2010年的年均进步率呈现负增长，均低于发达国家和117国平均水平，2010~2016年的年均进步率超过了发达国家和117国平均水平（见表3-35、图3-5）。中国在1990~2017年社会发展领域和1990~2014年协调程度领域各个阶段的年均进步率均超过发达国家和117国平均水平（见表3-36、图3-6、表3-37、图3-7）。

表3-34　中国生态活力建设年均进步率国际比较

单位：%

	1990~2000年	2000~2010年	2010~2017年
中国	0.51	1.38	-0.15
117国	2.05	1.65	1.94
发达国家	2.61	1.39	4.16

在生态活力领域，中国与发达国家和117国的年均进步率发展趋势各不相同。中国生态活力年均进步率的阶段性变化呈现先加速后减速发展趋势，减幅明显；发达国家的年均进步率呈现先减速后加速发展趋势，增幅显著；而117个国家的年均进步率呈现先减速后加速发展趋势，幅度较小（见图3-4）。中国在1990~2000年和2000~2010年生态活力建设年均进步率均有积极进展，但在2010~2017年生态活力建设出现了一定退步。究其原因，中国2010~2017年生态活力建设退步是受自然保护区面积比例变化的影响，2014~2017年自然保护区面积比例进步率为-1.02%[①]，住房建设、公路建设与工矿农业生产等活动影响了自然保护区面积的保持。

---

① 因世界银行最新公布的数据中无2010年数据，只能以最相近年份2014年的数据替代。

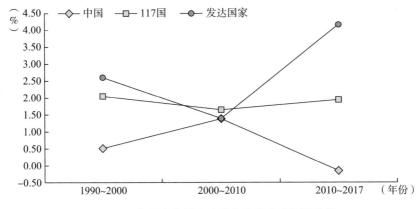

图 3 – 4　中国生态活力建设年均进步率国际比较

在环境质量领域，中国 1990～2000 年、2000～2010 年和 2010～2016 年的年均进步率分别是 – 1. 32%、– 1. 08% 和 1. 65%，呈现逐步加速态势（见表 3 – 35）。中国在 1990～2000 年和 2000～2010 年环境质量的年均进步率均低于发达国家和 117 国平均水平，但在 2010～2016 年显著高于发达国家和 117 国平均水平（见图 3 – 5）。中国在 2010～2016 年环境质量建设加速推进，2010～2015 年使用安全卫生设施人口比重上升 30. 63 个百分点。但是，环境质量领域这一阶段的发展态势，并不能全面反映环境质量改善程度，较之发达国家环境质量建设的良好成效，中国不仅要提高环境质量建设速度，还要提高环境质量改善的整体水平。

表 3 – 35　中国环境质量建设年均进步率国际比较

单位：%

	1990～2000 年	2000～2010 年	2010～2016 年
中国	– 1. 32	– 1. 08	1. 65
117 国	0. 23	– 0. 43	– 0. 95
发达国家	0. 40	0. 66	– 0. 31

在社会发展领域，中国 1990～2017 年三个阶段的年均进步率均显著高于发达国家和 117 国平均水平。中国 1990～2000 年、2000～2010 年和 2010～2017 年的年均进步率分别是 3. 02%、5. 44% 和 4. 94%，2000～2010 年的年均进步率最高，中国在 2010 年成为世界第二大经济体，与中国经济

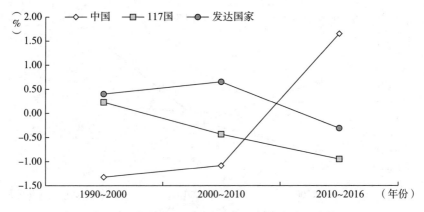

图 3 – 5　中国环境质量建设年均进步率国际比较

发展速度的黄金时期相互印证（见表 3 – 36）。各发展阶段中，发达国家和
117 国社会发展年均进步率均低于 2%，发达国家的年均进步率呈现逐步减
速发展态势，而 117 国年均进步率呈现先加速后减速发展态势，均与中国
存在一定差距（见图 3 – 6）。中国 2010~2017 年人均 GNI 增长率、2010~
2017 年服务业附加值占 GDP 比例增长率、2010~2017 年城镇化增长率和
2010~2016 年高等教育入学增长率等指标的发展优势，为中国社会发展领
域的积极进展作出了贡献。

表 3 – 36　中国社会发展建设年均进步率国际比较

单位：%

	1990~2000 年	2000~2010 年	2010~2017 年
中国	3.02	5.44	4.94
117 国	0.99	1.41	1.02
发达国家	1.37	0.78	0.45

在协调程度领域，中国作为资源消耗大国，在资源能源的增效减排上
保持稳中求进的发展态势。中国 1990~2000 年、2000~2010 年和 2010~
2014 年协调程度建设的年均进步率分别是 5.88%、2.09% 和 4.43%，各
阶段的年均进步率均高于发达国家和 117 国平均水平（见表 3 – 37）。中国
在协调程度领域的进展，主要依赖 2010~2014 年单位 GDP 能耗下降率、
2012~2015 年单位 GDP 水资源效率增长率、2010~2014 年单位 GDP 二氧

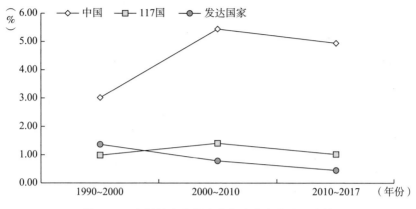

图 3 - 6　中国社会发展建设年均进步率国际比较

化碳排放量下降率等指标的良好表现。中国在 1990～2014 年呈现先减速后
加速的发展态势，这符合中国生态文明建设从弱到强、从部分领域到全局
性发展的历程（见图 3 - 7）。1990～2000 年中国逐步走上市场经济道路，
各领域的发展均围绕经济建设展开；2000～2010 年是中国经济发展的黄
金加速期，资源能源消耗量巨大，协调程度领域的建设难度也在加大；
2010 年中国成为世界第二大经济体之后，中国倡导建立人类命运共同体
的全球意识，中国要承担更多的大国责任，协调程度领域的建设开始逐
步加速发展。

表 3 - 37　中国协调程度建设年均进步率国际比较

单位：%

	1990～2000 年	2000～2010 年	2010～2014 年
中国	5.88	2.09	4.43
117 国	0.32	1.02	0.65
发达国家	1.06	0.99	1.46

　　3. 中国与典型发达国家及金砖国家生态文明建设进展态势比较

　　中国生态活力和环境质量领域整体落后于典型发达国家和金砖国家，
而社会发展和协调程度领域整体优于典型发达国家和金砖国家。中国森林
面积增长率、自然保护区面积增长率、PM2.5 年均浓度下降率、化肥施用
强度下降率、农药施用强度下降率、化石能源消费比例下降率等指标的进

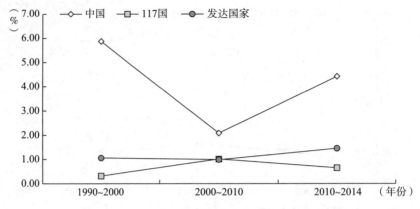

图 3 - 7　中国协调程度建设年均进步率国际比较

展态势均不如典型发达国家，而安全管理卫生设施普及增长率、单位 GDP
能耗下降率、单位 GDP 二氧化碳排放量下降率等指标的进展态势又好于典
型发达国家和金砖国家。在社会发展领域，中国与典型发达国家和金砖国
家的进展趋势大体一致，由于中国是后发型国家，各指标的进步幅度高于
典型发达国家和金砖国家。

（1）生态活力领域

相较于典型发达国家和金砖国家，中国生态活力领域的进展速度较
慢。但就三级指标相应领域来看，除自然保护区面积比例有波动外，其他
都不同程度地有所进步，且较为稳定。

1990～2015 年，中国森林覆盖率呈现逐步上升态势。得益于国家造林
工程的积极实施，这一阶段中国森林覆盖率的进步率为 32.57%，显著高
于典型发达国家和金砖国家。典型发达国家中，法国、意大利、英国的森
林覆盖率上升态势比较明显，而澳大利亚和韩国呈现下降态势（见图 3 -
8）。金砖国家中，印度与中国的进展态势一致，而巴西的森林覆盖率则呈
现逐步下降态势，1990～2015 年巴西森林覆盖率的进步率为 - 9.72%（见
图 3 - 9）。

1990～2015 年，中国森林总蓄积量呈现稳中有进的发展态势，优于德
国、南非和印度的增长趋势。在典型发达国家中，英国和加拿大森林总蓄
积量保持稳步增长态势，法国和美国森林总蓄积量的增长均出现了先加速

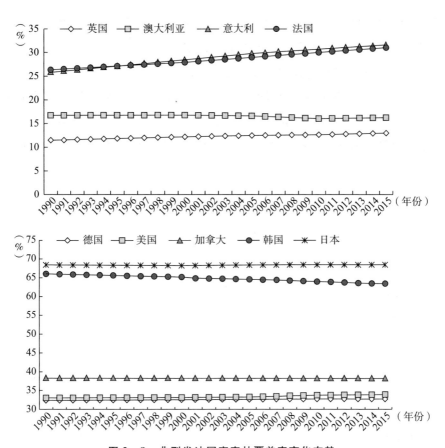

图 3 - 8　典型发达国家森林覆盖率变化态势

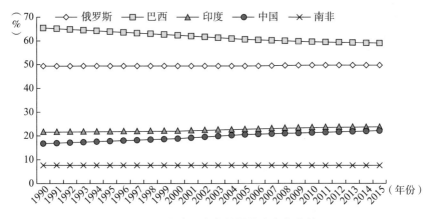

图 3 - 9　金砖国家森林覆盖率变化态势

后减速的发展趋势（见图 3 - 10）。金砖国家的森林总蓄积量呈现不同的进展趋势，中国和印度的森林总蓄积量保持增长趋势，俄罗斯森林总蓄积量的增长呈现减少趋势，而巴西森林总蓄积量在 1990 ~ 2010 年呈现增长趋势，在 2010 ~ 2015 年减少了 29476 百万立方米（见图 3 - 11）。巴西拥有亚马逊热带雨林 60% 的面积，近年来农耕、采矿、修路、建房等人为因素对亚马逊热带雨林造成的破坏，不仅影响了巴西生态文明建设成效，同时也威胁着全球气候。

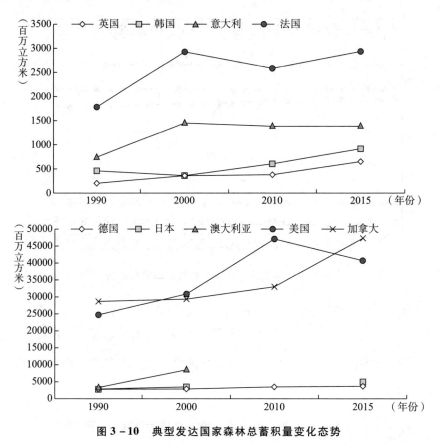

图 3 - 10　典型发达国家森林总蓄积量变化态势

1992 ~ 2015 年，中国草原覆盖率以 0.44% 的进步率缓慢发展，好于英国、美国和印度的发展态势。典型发达国家中，韩国草原面积增长率最高，为 22.39%，英国和美国草原覆盖率呈现微小减少趋势（见图 3 - 12）。

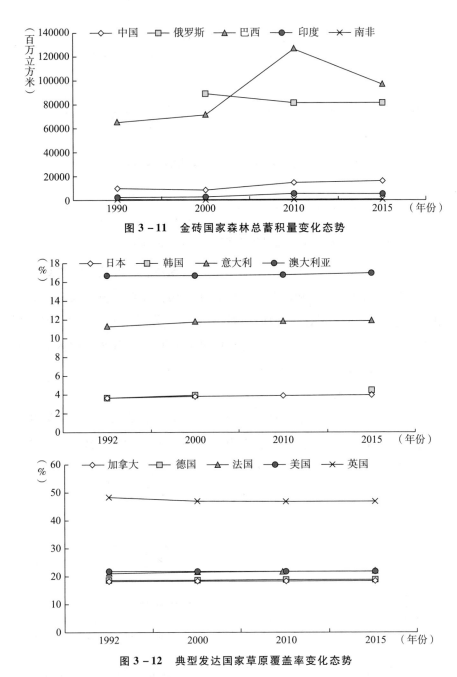

图 3 - 11 金砖国家森林总蓄积量变化态势

图 3 - 12 典型发达国家草原覆盖变化态势

金砖国家草原覆盖率进展态势趋于稳定，巴西草原面积增长率最高，为 13.03% 。中国草原覆盖率的进展不明显（见图 3 - 13）。

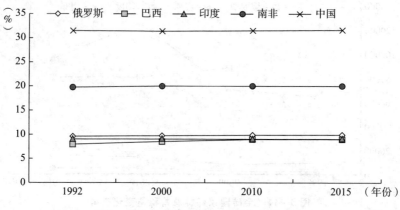

图3-13 金砖国家草原覆盖率变化态势

1990~2017年，中国自然保护区面积增长率垫底，增长态势趋缓。G7和金砖国家自然保护区面积增长率均远高于中国。在典型发达国家中，意大利1990~2017年自然保护区面积增长率最高，英国和法国的增长态势更好（见图3-14）。在金砖国家中，巴西1990~2017年自然保护区面积增长率和增长态势都好于其他金砖国家（见图3-15）。

（2）环境质量领域

作为制造业大国和农业生产大国，环境质量领域是中国生态文明建设的短板。但整体而言，除空气质量在1990~2016年有明显下降外，水体质量、土壤环境质量均得到有效改善。

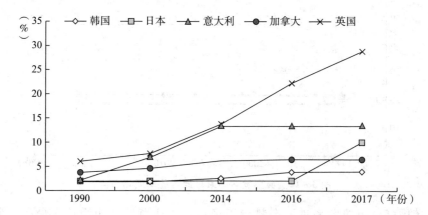

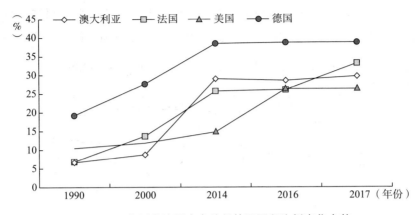

图 3 - 14　典型发达国家自然保护区面积比例变化态势

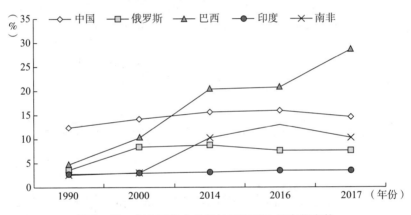

图 3 - 15　金砖国家自然保护区面积比例变化态势

1990～2016 年，中国 PM2.5 年均浓度呈现上升趋势，空气质量的改善任务艰巨。多数典型发达国家的 PM2.5 年均浓度下降有明显成效，个别国家如韩国和日本在 2011～2016 年呈现上升趋势，意大利在 2011～2014 年也出现 PM2.5 年均浓度不降反升态势（见图 3 - 16）。金砖国家中，中国和印度作为世界上最大的两个发展中国家，其 PM2.5 年均浓度居高不下（见图 3 - 17）。1990～2016 年，印度 PM2.5 年均浓度下降率为 - 26.66%，中国 PM2.5 年均浓度下降率为 - 16.18%。

2000～2015 年，中国安全管理卫生设施普及率的进展态势显著，增长率达到 105.37%，超出典型发达国家和金砖国家平均水平。典型发达国家中，法国、韩国和澳大利亚的进展态势比较显著，截至 2015 年，日本、英

国、法国、德国、意大利和韩国的安全管理卫生设施普及率均超过了90%
（见图3-18）。金砖国家中，作为发展中国家，巴西和中国安全管理卫生

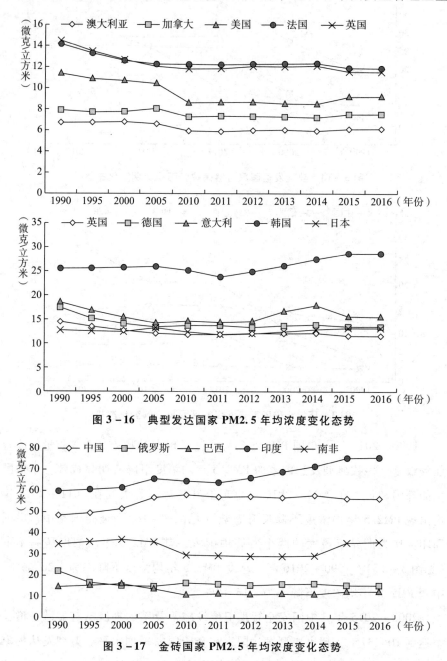

图 3-16　典型发达国家 PM2.5 年均浓度变化态势

图 3-17　金砖国家 PM2.5 年均浓度变化态势

设施普及率的进展态势均快于典型发达国家，截至 2015 年，中国安全管理卫生设施普及率为 59.69%，巴西为 38.64%，与发达国家还存在很大差距（见图 3－19）。

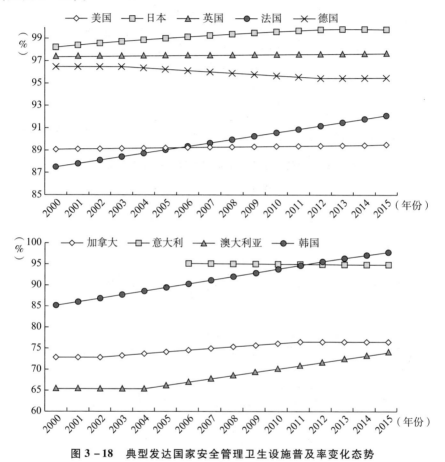

图 3－18　典型发达国家安全管理卫生设施普及率变化态势

2002～2015 年中国化肥施用强度的变化趋势表明，中国化肥施用强度已过拐点，持续高涨的局面得到了有效控制。典型发达国家中，加拿大和美国化肥施用强度呈现逐步上升态势，而意大利、法国、日本在 2007 年率先出现了下降趋势，韩国的峰值出现在 2005 年（见图 3－20）。金砖国家中，巴西和印度化肥施用强度仍呈逐步上升态势。虽然中国化肥施用强度已过拐点，但总体水平仍然较高（见图 3－21）。

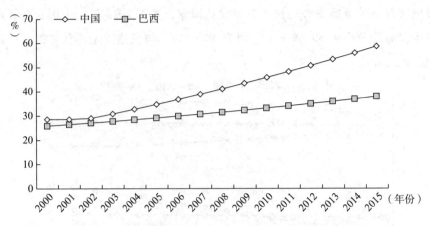

图 3 – 19　金砖国家安全管理卫生设施普及率变化态势

说明：无俄罗斯、印度和南非数据。

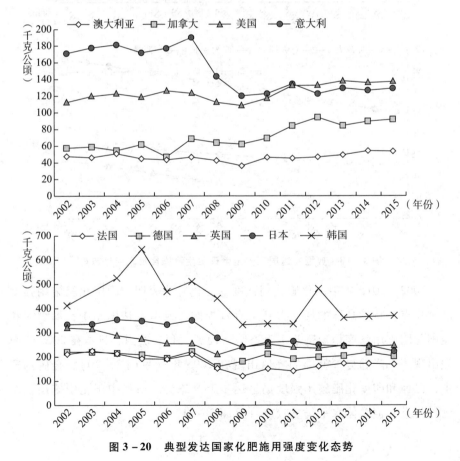

图 3 – 20　典型发达国家化肥施用强度变化态势

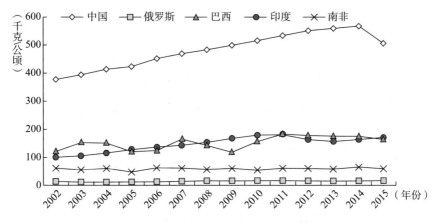

图 3 - 21　金砖国家化肥施用强度变化态势

1990～2016 年，中国农药施用强度呈现先上升后下降态势。2010～2016 年，中国农药施用强度呈现下降态势，农药施用强度与化肥施用强度一样，已经跨过了最大使用强度的拐点。典型发达国家中，澳大利亚、加拿大、美国、德国等的农药施用强度呈现逐步上升态势，而意大利、日本、英国和法国的农药施用强度呈现下降态势，日本下降态势较为明显（见图 3 - 22）。金砖国家中，只有印度农药施用强度在整体下降的情况下呈先减后增态势，其他国家均表现为不同程度的上升态势（见图 3 - 23）。

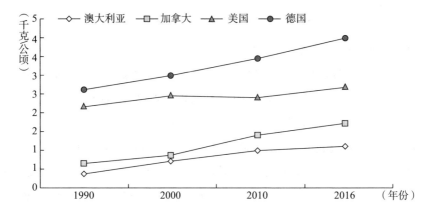

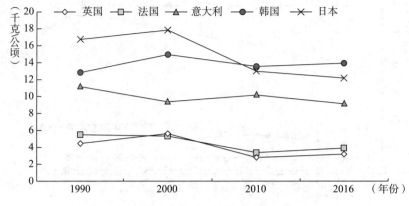

图 3 – 22　典型发达国家农药施用强度变化态势

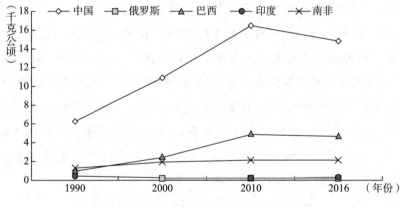

图 3 – 23　金砖国家农药施用强度变化态势

（3）社会发展领域

　　作为后发型发展中国家，中国社会发展领域的整体变化举世瞩目，各方面获得长足进步并保持了较快的增长态势。典型发达国家中，虽然各国人均 GNI 增长速度慢于中国，但 2015～2016 年美国、加拿大、日本、澳大利亚的人均 GNI 已经超过 47600 美元，远超中国人均 GNI 6871.85 美元（见图 3 – 24）。中国人均 GNI 的变化趋势与典型发达国家和金砖国家相比，增长趋势更为显著。金砖国家中，在苏联解体后，俄罗斯人均 GNI 增长迅速，印度的增长速度快于南非（见图 3 – 25）。

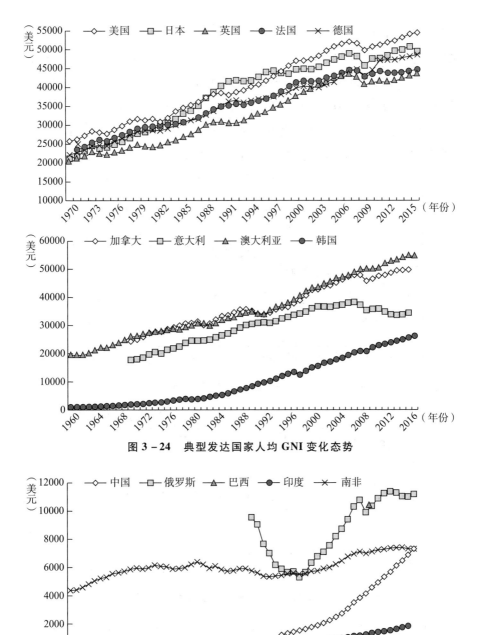

图 3-24　典型发达国家人均 GNI 变化态势

图 3-25　金砖国家人均 GNI 变化态势

2004～2017 年，中国服务业附加值占 GDP 比例呈现逐步上升态势。

典型发达国家中，美国、日本、英国和法国的服务业附加值占 GDP 比例变化趋势最为显著（见图 3 - 26）。其中，日本 2012~2016 年服务业附加值占 GDP 比例呈现下降趋势，服务业附加值占 GDP 比例从 71.59% 下降至 68.78%，在服务业高度发达的日本，服务业附加值占 GDP 比例下降是受人口老龄化趋势的影响。金砖国家中，俄罗斯和巴西的服务业附加值占 GDP 比例呈现波动上升态势，印度、中国和南非呈现逐步增长趋势（见图 3 - 27）。

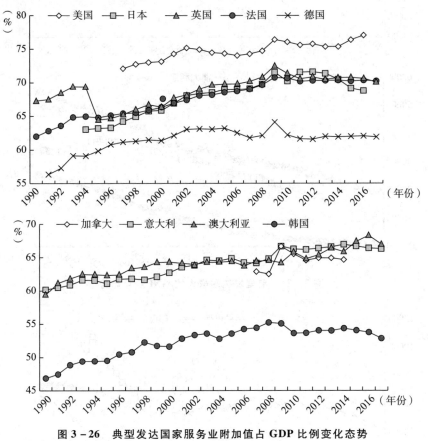

图 3 - 26　典型发达国家服务业附加值占 GDP 比例变化态势

1960~2017 年，世界各国城镇化率呈现不断上升态势。中国城镇化建设起步较晚，城镇化率呈现加速增长态势，1990~2017 年中国城镇化率的进步率为 118.98%，显著高于典型发达国家和金砖国家平均水平。典型发达国家的城镇化率都在稳步提高，2017 年各国城镇化率基本达到 70% 以上。韩国 1960~1995 年城镇化率增速显著，而日本 2000~2017 年城镇化增速加快，城镇化率从 78.65% 增至 94.32%，基本完成了国家城镇化建设（见图 3 – 28）。
金砖国家城镇化发展水平相差较大，中国和南非城镇化率进展趋势更加显

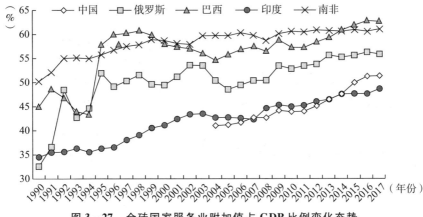

图 3 – 27 金砖国家服务业附加值占 GDP 比例变化态势

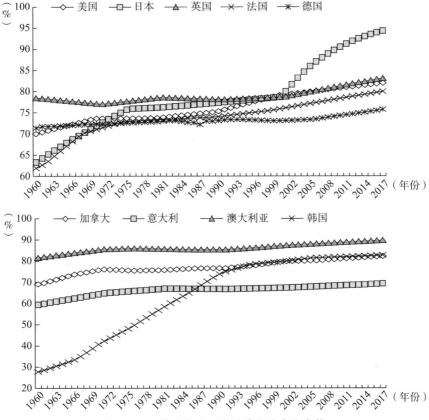

图 3 – 28 典型发达国家城镇化率变化态势

著，而俄罗斯和巴西的城镇化水平与典型发达国家趋近，印度2017年的城镇化率仅为33.54%，与中国1998年的城镇化率大致相当（见图3－29）。

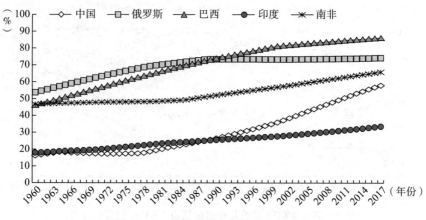

图 3 - 29　金砖国家城镇化率变化态势

1990～2016年，中国高等教育入学率进展显著，增长率为1510.75%，遥遥领先世界各国。典型发达国家中，韩国高等教育入学率的进步态势和进步率都相对明显，日本、英国、法国、德国等国家高等教育入学率的发展态势相对一致，澳大利亚在2015年之后高等教育入学率超过了100%，主要与其大量吸引全球留学生有关（见图3－30）。金砖国家中，巴西和中国高等教育入学率的进展态势比较接近，俄罗斯在东欧剧变之后高等教育入学率也有明显提升，2016年俄罗斯以81.82%的高等教育入学率居金砖国家榜首，也高于日本、英国、法国等发达国家（见图3－31）。

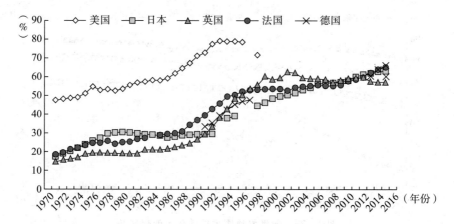

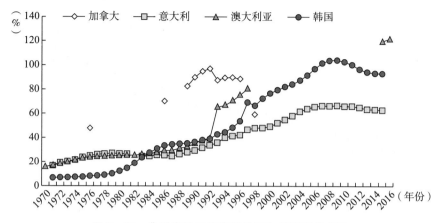

图 3 - 30 典型发达国家高等教育入学率变化态势

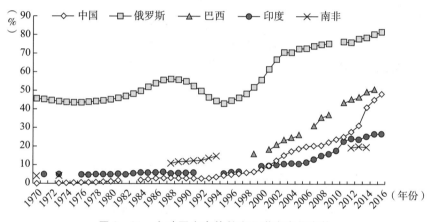

图 3 - 31 金砖国家高等教育入学率变化态势

1960 ~ 2016 年，随着医疗卫生水平的提高，各国出生时的预期寿命增长率均有所提高。典型发达国家中，韩国出生时的预期寿命增长率的进展趋势最为明显，增长幅度也最大。2014 年，除美国之外的其他发达国家出生时的预期寿命均超过了 80 岁（见图 3 - 32）。金砖国家中，中国、巴西和印度出生时的预期寿命保持增长，而俄罗斯在 1988 ~ 1994 年出生时的预期寿命出现了下降，1995 年之后有所回升；南非出生时的预期寿命呈现先增长后下降再升高的趋势，1992 ~ 2006 年南非出生时的预期寿命持续下降，主要原因是南非私人医疗部门比例高于公共医疗部门，限制了买不起私人医疗保险的穷人看病就诊的机会，导致出生时的预期寿命下降。金砖国家人均预期寿命远低于发达国家，中国作为金砖国家中出生时的预期寿

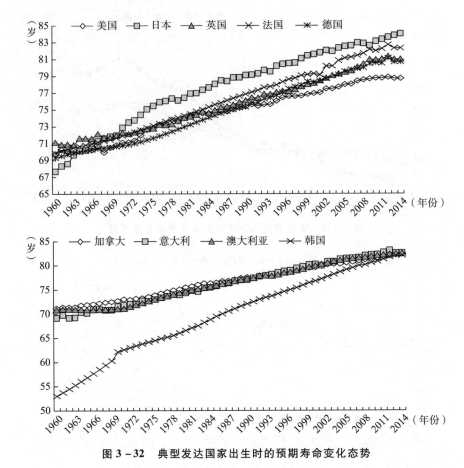

图 3 – 32　典型发达国家出生时的预期寿命变化态势

命最高的国家，2016 年出生时的预期寿命为 76.3 岁，与日本 1979 年和美国 1997 年出生时的预期寿命相当（见图 3 – 33）。

（4）协调程度领域

在协调程度领域，中国资源能源的增效减排政策取得了显著成效。1990 ～ 2014 年，中国单位 GDP 能耗下降幅度显著，2014 年，中国单位 GDP 能耗低于加拿大。典型发达国家中，各国单位 GDP 能耗均呈现逐步下降趋势，英国和美国的下降态势比较明显，意大利单位 GDP 能耗最低，其下降幅度也较为缓和（见图 3 – 34）。金砖国家中，中国单位 GDP 能耗下降趋势最为明显，而巴西的单位 GDP 能耗有上升趋势（见图 3 – 35）。2014 年，中国单位 GDP 能耗为 175.31 千克/2011 年不变价千美元，低于

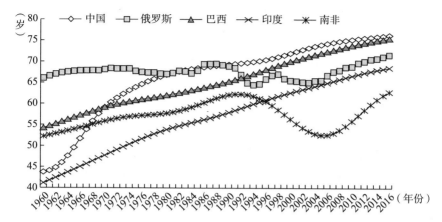

图 3-33　金砖国家出生时的预期寿命变化态势

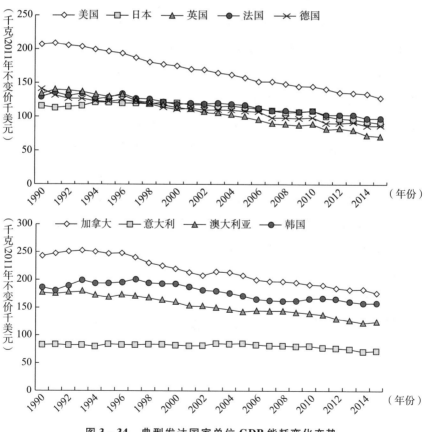

图 3-34　典型发达国家单位 GDP 能耗变化态势

俄罗斯和南非，巴西的单位 GDP 能耗在金砖国家中最低，低于美国、加拿大、法国等发达国家。

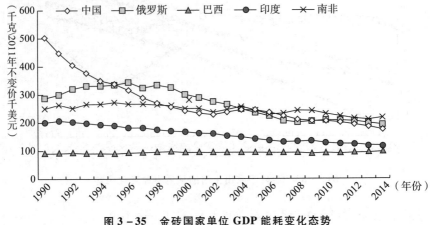

图 3 - 35　金砖国家单位 GDP 能耗变化态势

1960 ~ 2014 年，多数典型发达国家化石能源消费比例呈现下降趋势，而金砖国家的化石能源消费比例多呈现上升趋势。典型发达国家中，法国和意大利的下降趋势最显著，仅有加拿大和日本出现阶段性上升态势，加拿大化石能源消费比例在 1994 ~ 2003 年呈现波动上升趋势，但整体仍是下降趋势。受地震影响关闭福岛核电站后，日本化石能源消费比例在 2011 ~ 2014 年呈现上升趋势（见图 3 - 36）。金砖国家中，中国、巴西和印度化石能源消费比例呈现逐年上升态势，俄罗斯作为天然气储量大国，也仅以微小的降幅控制化石能源消费比例（见图 3 - 37）。各国化石能源消费比例居高不下的现实，表明了全球能源消费结构的固化与能源利用转型的难题。

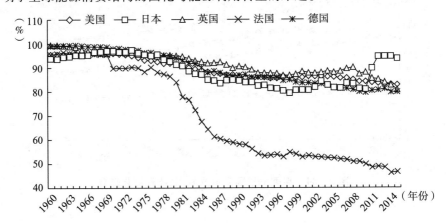

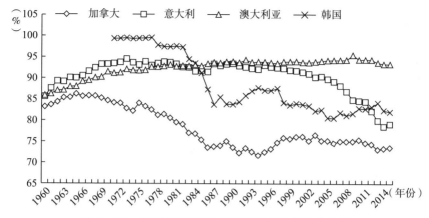

图 3 - 36　典型发达国家化石能源消费比例变化态势

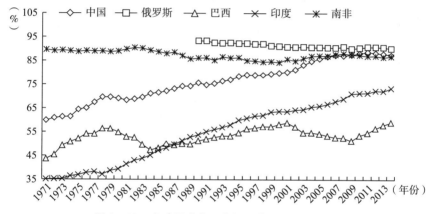

图 3 - 37　金砖国家化石能源消费比例变化态势

从非连续年份的数据来看，各国单位 GDP 水资源效率基本呈现上升趋势。典型发达国家中，英国、澳大利亚、加拿大和韩国等国家单位 GDP 水资源效率上升趋势明显，美国虽然单位 GDP 水资源效率变化趋势不显著，但在 1980～2012 年单位 GDP 水资源效率增长率达 83.38%（见图 3 - 38）。金砖国家中，俄罗斯、中国和南非单位 GDP 水资源效率上升幅度比较显著（见图 3 - 39）。中国 1990～2015 年单位 GDP 水资源效率增长率为 803.61%，远高于典型发达国家和金砖国家平均水平。虽然印度单位 GDP 水资源效率变化趋势不明显，但 1990～2010 年印度单位 GDP 水资源效率增长率达 174.20%。

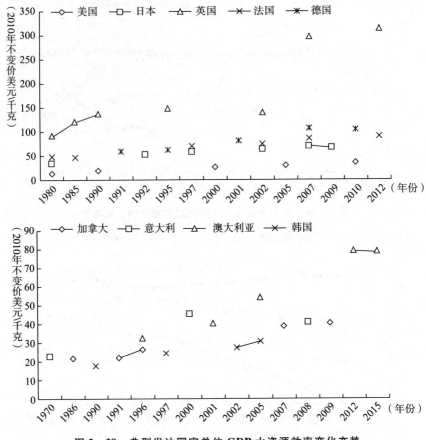

图 3 - 38　典型发达国家单位 GDP 水资源效率变化态势

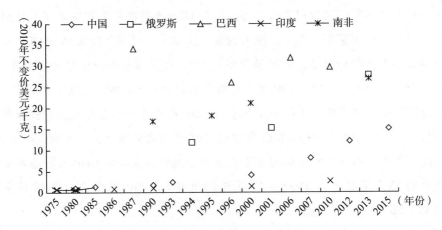

图 3 - 39　金砖国家单位 GDP 水资源效率变化态势

　　1982～2014 年，中国淡水抽取比例呈现不断上升趋势，这一阶段中国淡水抽取比例下降率为 –19.96%。典型发达国家中，除了韩国在 1992～2007 年淡水抽取比例持续上升，多数典型发达国家淡水抽取比例呈现下降趋势，德国的下降趋势最为显著，而加拿大和澳大利亚淡水抽取比例均控制在 5% 以下（见图 3 – 40）。金砖国家中，中国、印度和南非的淡水抽取比例呈现上升趋势，而俄罗斯、巴西淡水抽取比例控制在 2% 以下，显著低于典型发达国家（见图 3 – 41）。

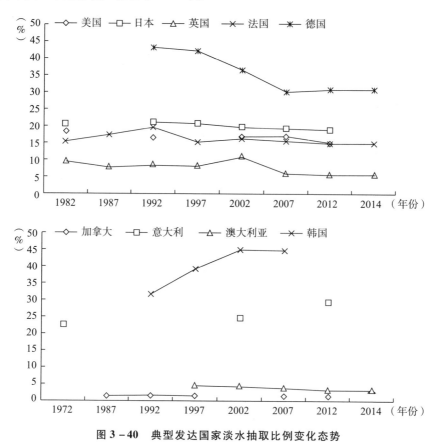

图 3 – 40　典型发达国家淡水抽取比例变化态势

　　1990～2014 年，中国单位 GDP 二氧化碳排放量下降幅度显著，为全球碳排放减量化作出了积极贡献。典型发达国家中，美国、加拿大、韩国等国家的单位 GDP 二氧化碳排放量呈现稳步下降趋势，意大利和法国作为单位 GDP 二氧化碳排放量最低的国家，其下降幅度也最为平缓（见图 3 – 42）。英

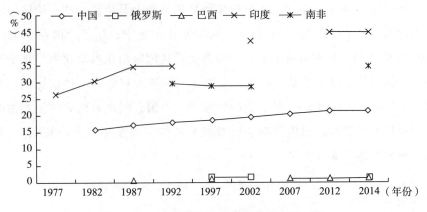

图 3－41　金砖国家淡水抽取比例变化态势

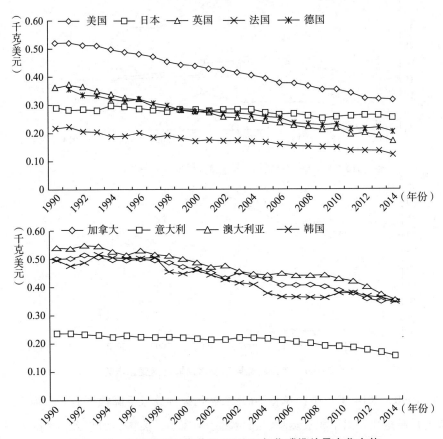

图 3－42　典型发达国家单位 GDP 二氧化碳排放量变化态势

国 1990～2014 年单位 GDP 二氧化碳排放量下降率最高，为 53.07%。金砖国家中，俄罗斯和印度单位 GDP 二氧化碳排放量保持稳步下降，中国和南非呈现波动下降趋势，巴西由于亚马逊热带雨林的破坏和工业发展的加速，这一阶段单位 GDP 二氧化碳排放量出现了微小涨幅（见图 3-43）。2014 年，只有巴西和印度单位 GDP 二氧化碳排放量接近典型发达国家平均水平。

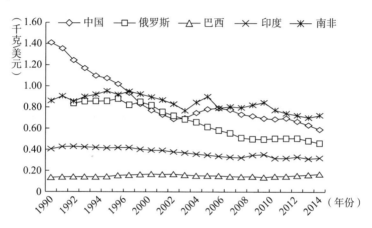

图 3-43　金砖国家单位 GDP 二氧化碳排放量变化态势

第四节　进展与态势分析

国际生态文明建设进步指数表明，可持续发展和生态文明建设正逐步进入各国的重要战略布局。国际生态文明建设进展态势表明，要解决生态退化、环境恶化、资源短缺问题，与中国一样快速发展的发展中国家仍需要一个长期的过程。发达国家在经济发展、技术治理、产业结构、能源消耗上均保持着超越性的优势，而印度、巴西、南非等后发型国家与中国同样面临环境质量和协调程度建设的短板与压力。

一　生态文明建设进步指数分析结论

国际生态文明建设进展方面，1990～2017 年，大部分国家生态文明建设取得显著进展。117 个样本国家中，95 个国家的生态文明建设总进步率为正值，22 个国家的生态文明建设总进步率为负值。在国际生态文明进步指数考察的四个核心领域中，世界各国生态文明建设各领域不均衡发展的状况比较突出。117 个样本国家在生态活力与社会发展领域取得良好成效，而环境质量和协调程度领域成为各国生态文明建设的短板。

相关性分析显示，生态活力和环境质量是影响各国生态文明建设进展的重要领域。其中生态活力领域建设的推动，与整体生态文明进步几乎呈线性关系。环境质量建设状况也与生态文明建设进步指数呈正相关关系（见表 3 – 38）。

表 3 – 38　IECPI 与其二级指标得分的相关系数

	IECPI	生态活力	环境质量	社会发展	协调程度
IECPI	1	0.957 **	0.282 **	0.140	0.128
生态活力		1	0.006	0.084	0.045
环境质量			1	0.075	0.024
社会发展				1	0.210 *
协调程度					1

**. 在 0.01 水平（双侧）上显著相关。

*. 在 0.05 水平（双侧）上显著相关。

影响四个核心领域进展的主要因素归结为：自然保护区建设的推进，土壤环境质量的变化、产业结构的调整、高等教育水平的提升以及能源消费结构和效能的变动。1990～2017 年自然保护区面积增长率显著影响各国生态活力的进展，2002～2015 年化肥施用强度下降率和 1990～2016 年农药施用强度下降率是制约各国环境质量改善的主要因素，1990～2017 年服务业附加值占 GDP 比例增长率和 1990～2016 年高等教育入学增长率是促进社会发展的主要因素；1990～2015 年单位 GDP 水资源效率增长率和 1990～2014 年单位 GDP 二氧化碳排放量下降率制约着各国协调程度的进展（见表 3 – 39、3 – 40、3 – 41、3 – 42）。

表 3 – 39　生态活力进步指数与其三级指标相关系数

	生态活力 进步指数	森林面积 增长率	森林总蓄积 量增长率	草原面积 增长率	自然保护区 面积增长率
生态活力进步指数	1	0.063	0.058	-0.031	1.000 **
森林面积增长率		1	0.029	0.106	0.050
森林总蓄积量增长率			1	-0.104	-0.060
草原面积增长率				1	-0.038
自然保护区面积增长率					1

**. 在 0.01 水平（双侧）上显著相关。

表 3 – 40　环境质量进步指数与其三级指标相关系数

	环境质量 进步指数	PM2.5 年均 浓度下降率	安全管理卫 生设施普及 增长率	化肥施用强 度下降率	农药施用强 度下降率
环境质量进步指数	1	0.191 *	0.054	0.954 **	0.519 **
PM2.5 年均浓度下降率		1	-0.216	0.143	0.09
安全管理卫生设施普及增 长率			1	0.053	-0.008
化肥施用强度下降率				1	0.243 *
农药施用强度下降率					1

* 在 0.05 水平（双侧）上显著相关。
** 在 0.01 水平（双侧）上显著相关。

表 3 – 41　社会发展进步指数与其三级指标相关系数

	社会发展 进步指数	人均 GNI 增长率	服务业附 加值占 GDP 比例增长率	城镇化增 长率	高等教育入 学增长率	出生时的 预期寿命 增长率
社会发展进步指数	1	0.849 **	0.310 **	0.450 **	0.891 **	0.269 **
人均 GNI 增长率		1	0.174	0.464 **	0.695 **	0.313 **
服务业附加值占 GDP 比例增长率			1	0.046	0.203	0.023
城镇化增长率				1	0.454 **	0.404 **
高等教育入学增长率					1	0.436 **
出生时的预期寿命增 长率						1

**. 在 0.01 水平（双侧）上显著相关。

表 3 - 42　协调程度进步指数与其三级指标相关系数

	协调程度进步指数	单位 GDP 能耗下降率	化石能源消费比例下降率	单位 GDP 水资源效率增长率	淡水抽取比例下降率	单位 GDP 二氧化碳排放量下降率
协调程度进步指数	1	0.534 **	0.167	0.966 **	0.747 **	0.948 **
单位 GDP 能耗下降率		1	- 0.147	0.621 *	0.585 **	0.349 **
化石能源消费比例下降率			1	0.048	- 0.454 *	0.621 **
单位 GDP 水资源效率增长率				1	0.199	0.507
淡水抽取比例下降率					1	0.692 **
单位 GDP 二氧化碳排放量下降率						1

**. 在 0.01 水平（双侧）上显著相关。

*. 在 0.05 水平（双侧）上显著相关。

1990 ~ 2017 年，中国生态文明建设取得了良好成效。中国生态文明建设四个二级指标中，生态活力和环境质量领域的进步指数排名中游，社会发展和协调程度领域的进步指数领先世界。与典型发达国家及金砖国家的生态文明建设相比，中国生态文明进步指数显著高于 G7 和金砖国家平均水平。中国在生态活力和环境质量领域的进展与 G7 和金砖国家相当，而在社会发展和协调程度领域的进展显著高于典型发达国家和金砖国家平均水平。

中国生态活力领域建设一直在积极推进，但受制于较大体量，进展并不明显，低于各国平均水平。生态活力领域各三级指标中，中国 1990 ~ 2015 年森林面积增长率超过了发达国家和 117 国平均水平，主要得益于国家重点林业工程的积极建设，如退耕还林工程、"三北"及长江流域等防护林建设工程、京津风沙源治理工程造林等。但是，仅依靠国家工程刺激单方面发展是不够的，中国应积极促进森林总蓄积量、草原覆盖率和自然保护区面积比例等指标提升，在保证生态健康的前提下推动社会发展。

中国环境质量正在不断改善，虽然中国环境质量进步指数与发达国家平均水平相差不大，但明显高于世界各国平均水平。中国是农业生产大国，农药与化肥施用量在人口数量与粮食产量双增长的刺激中居高不下，在不彻底转变农业生产模式与育种技术的情况下，农药与化肥施用强度难以降到世界平均水平，农业绿色发展仍有待深入。在空气污染治理过程中，PM2.5年均浓度下降率的进展与中国高能耗高排放的产业结构调整紧密关联。受益于中国农村人居环境整治与"厕所革命"的大力推进，2000～2015年安全管理卫生设施普及增长率得以提高。

1992年邓小平南方谈话之后，中国社会发展领域的建设全面向好，社会发展进步指数排在世界第一位。目前，在全球经济下行的大背景下，中国经济、教育、医疗等方面仍然保持着有序发展。中国1990～2017年人均GNI增长率、1990～2017年城镇化增长率和1990～2016年高等教育入学增长率均居世界第一。

在社会经济迅猛发展的同时，资源能源的增效减排也为中国协调程度领域的发展作出积极贡献。中国协调程度进步指数排在世界第一位，在资源能源降耗减排方面提前完成了《巴黎协定》的承诺，如森林总蓄积量增长率和单位GDP二氧化碳排放量下降率等指标。中国1990～2014年单位GDP能耗下降率和1990～2014年单位GDP二氧化碳排放量下降率均在世界前列，1990～2014年化石能源消费比例下降率排名第85位，是进展最慢的一个三级指标，这也反映了中国"一煤独大"的能耗结构没有发生实质改变。

二　生态文明建设进展态势分析结论

随着各国生态文明建设的加快，生态文明建设进展态势逐步放缓。117个样本国家整体情况并不乐观，大部分国家建设速度不断放慢。具体考察的二级指标中，多数国家生态活力、环境质量、社会发展和协调程度的进展呈现下行态势。

在生态活力领域，1990～2010年和2000～2017年两个阶段分别只有48个和45个国家的生态活力进展呈现加速态势，占比不足世界各国的一半。各国自然保护区面积增长率和森林面积增长率都面临与城镇化进程的激烈博弈。对于发达国家而言，生态活力领域各三级指标建设成效显著，维持现有生态活力水平是最主要目标；对于发展中国家而言，还存在以牺牲生态活力和环境质量为代价换取经济社会发展的问题。

在环境质量领域，世界各国仍须不断加强环境质量建设，特别是要加强对化肥施用强度和农药施用强度的控制。2000～2016 年，有 74 个国家环境质量建设进展呈现减速态势。典型发达国家中，少数国家化肥和农药施用强度出现了明显的脱钩效应，但美国、加拿大化肥施用强度呈现上升态势，中国化肥施用强度和农药施用强度的进展态势已越过拐点，正在逐步降低农药和化肥施用量。

在社会发展领域，1990～2010 年世界各国的进展态势整体好于 2000～2017 年。1990～2010 年，有 61 个国家的社会发展呈现加速态势，而 2000～2017 年仅有 41 个国家呈现加速态势。典型发达国家的人均 GNI 增长态势比金砖国家稳定，金砖国家的服务业附加值占 GDP 比例和城镇化增长态势要好于典型发达国家，而发达国家与金砖国家高等教育入学率和出生时的预期寿命增长态势趋于一致。世界经济在全球化与逆全球化进程中动荡发展，中国社会发展的进展态势受世界政治格局和中美贸易摩擦的影响。

在协调程度领域，世界各国单位 GDP 能耗和单位 GDP 二氧化碳排放量降耗减排的进展态势表现突出，并且 1990～2010 年的进展态势整体明显好于 2000～2014 年。典型发达国家和金砖国家的单位 GDP 能耗和单位 GDP 二氧化碳排放量都呈现逐步下降态势，各国能源消费结构不断优化，产业升级稳步推进。大部分典型发达国家的化石能源消费比例呈现下降态势，仅有澳大利亚和日本呈增长态势，而以金砖国家为代表的发展中国家化石能源消费比例依然呈现上升态势。考虑到化石能源消费比例会显著影响协调程度和环境质量领域的建设进展，发展中国家需要加强新能源和清洁能源的开发利用。

1990～2017 年，中国生态文明建设年均进步率始终保持加速发展态势。中国生态文明建设年均进步率的阶段性变化呈现先减速后加速趋势，与发达国家的年均进步率发展趋势一致，而 117 个国家的年均进步率呈现逐渐减速趋势。中国在 1990～2000 年、2000～2010 年和 2010～2017 年三个阶段的年均进步率均高于发达国家和 117 国年均进步率，在经济发展、能源效率和气候变化应对等方面都作出了阶段性的贡献。

与典型发达国家及金砖国家的生态文明建设进展态势相比，中国生态活力和环境质量整体不如典型发达国家和金砖国家，而社会发展和协调程度领域整体好于典型发达国家和金砖国家。中国森林总蓄积量、自然保护区面积比例、PM2.5 年均浓度、化肥施用强度、农药施用强度、化石能源消费比例等指标的进展态势均不如典型发达国家，而安全管理卫生设施普及率、单位 GDP 能耗、单位 GDP 二氧化碳排放量等指标的进展态势好于典型发达国家和金砖国家。另外，中国与典型发达国家和金砖国家社会发展领域的进步趋势一致，因中国属于后发型国家，社会发展各三级指标的进步幅度要高于典型发达国家和金砖国家。

第五节 中国的经验与政策建议

一 中国生态文明建设进展态势整体向好

1990～2017 年，中国的生态文明建设一直保持进步趋势，发展态势良好。1990～2000 年、2000～2010 年和 2010～2017 年中国生态文明建设年均进步率分别为 2.04%、1.59% 和 2.44%。党的十八大以来，为实现联合国可持续发展和应对气候变化等目标，回应国内对生态文明建设的强烈诉求，党和国家不断加强生态文明建设。从全面推进经济建设、政治建设、文化建设、社会建设、生态文明建设"五位一体"总体布局，到创新、协调、绿色、开放、共享的新发展理念，再到十九大报告提出"建设生态文明是中华民族永续发展的千年大计"，国家层面对生态文明建设的重视和积极的政策响应助推我国生态文明建设的良好走势。此外，中国围绕四个二级指标也做出了多方面的努力，国土绿化持续推进、环境污染不断改善、社会发展稳中求进、资源能源增效减排等，都有力推进了生态文明建设进步。

1. 生态活力建设稳步推进，国土绿化行动为全球添绿

1990～2017 年，中国生态活力建设持续进步，速度有所放缓。中国1990～2015 年森林面积增长率为 32.57%，高于 G7 和金砖国家平均水平。2022 年我国森林面积达到 2.31 亿公顷。虽然中国草原面积增长率和自然保

护区面积增长率面板数据表现不佳，但是 2015 年草原覆盖率为 31.60%，在 117 个国家中排名第 13 位。草原生态建设应在草原生态质量维护的基础上稳中求进，而中国自然保护区面积比例也高于世界平均水平。

近年来，随着中国生态环境保护建设评价机制的不断完善，各省份生态文明建设的积极性显著提高。《生态文明建设考核目标体系》《绿色发展指标体系》《绿色发展指数计算方法》以及生态文明建设示范市和国家森林城市等建设评价工具的出台，对生态环境管控发挥了长效机制作用，进一步刺激鼓励了绿色产业、节能环保产业。

在国家政策的支持下，中国生态修复和环境治理产业链逐步完善，生态环境治理已经积累了很多有益经验。以库布齐沙漠治理为例，从 1988 年开始修复，共计修复绿化沙漠 969 万亩，固碳 1540 万吨，涵养水源 243.76 亿立方米，释放氧气 1830 万吨，生物多样性保护产生价值 3.49 亿元，创造生态财富 5000 多亿元人民币，其中 80% 是生态效益和社会效益[1]。"库布齐模式"为世界提供了中国经验，库布齐沙漠的荒漠化治理不仅修复了生态，也创造了可观的生态经济，将生态修复工程有机融入民生工程。

中国国土绿化行动的持续推进，为世界生态活力建设作出了中国贡献。中国 1990~2015 年森林覆盖率的增长，得益于国家重点林业工程建设，如天然林资源保护工程、退耕还林工程、"三北"及长江流域防护林体系建设工程、京津风沙源治理工程、野生动植物保护区建设工程、重点地区速生丰产用材林基地建设工程六大林业重点工程。有研究表明，中国和印度主导了过去 20 年的全球陆地变绿——植被叶面积的增加。其中，中国占据全球 6.6% 的植被面积，却贡献了全球 25% 的绿叶面积增加量。中国变绿的过程中，森林和农用地分别贡献了 42% 和 32%[2]。

2. 环境质量持续改善，农药化肥施用量实现零增长

中国环境质量建设进展呈现持续加速态势，环境污染改善明显。2010~

---

[1] 联合国在鄂尔多斯发布《中国库布齐生态财富评估报告》，http://nm.people.com.cn/n2/2017/0911/c196689-30720770.html。

[2] Chen, C., Park, T., Wang, X. et al. "China and India Lead in Greening of the World through Land-Use Management". *Nat Sustain* 2, 122–129 (2019).

2016 年，中国环境质量建设年均进步率显著高于发达国家和 117 国平均水平。中国实施最严格的生态环境保护制度，大力改善大气、水和土壤污染，治理成效显著。近年来，中国在加强生态保护、治理环境污染、应对气候变化以及完善相关体制机制等方面做了大量工作。蓝天保卫战三年行动计划以及水、土壤污染防治行动的深入推进，环保督察与考评机制的开展，生态保护和环境治理等领域公共投资的加大，都促进了环境污染治理行业的蓬勃发展。

空气质量明显改善，联防联控的区域治理模式取得良好成效。从 2011 年美国大使馆将 PM2.5 概念抛向中国社会，到 2013 年《大气污染防治行动计划》出台，再到 2015 年初空气污染深度调查报告《柴静调查：穹顶之下》推出，中国的空气污染一直是环保领域重点关注的对象。2013 ~ 2018 年，首批实施环境空气质量标准（GB3095 - 2012）的 74 个城市，PM2.5 平均浓度下降 42%，二氧化硫浓度平均下降 68%。与 2013 年相比，2017 年京津冀、长三角、珠三角等重点区域 PM2.5 平均浓度分别下降 39.6%、34.3%、27.7%[1]，重点区域产业结构和布局优化都取得了显著进展。2022 年，339 个地级及以上城市环境空气质量优良天数比为 86.5%。

水污染治理成效显著，水污染治理长效机制逐步完善。2017 年全国河流水质状况好于Ⅲ类水体比例为 78.5%，劣Ⅴ类水体比例为 8.3%[2]，与 2012 年相比，全国河流水质状况好于Ⅲ类水体比例增加 14.3 个百分点，劣Ⅴ类水体比例减少 8.9 个百分点[3]。2018 年底，河长制、湖长制在我国全面建立。作为解决我国复杂水问题的重大制度创新，全国 30 多万名四级河长、2.4 万名四级湖长上岗，河湖管护进入新阶段。2022 年，国家地表水考核断面中，水质优良（Ⅰ ~ Ⅲ类）水体比例由 2012 年的 68.9% 提升至 87.9%。

土地污染治理稳步推进，农药化肥施用量实现零增长。2017 年中国农

① 生态环境部发布《中国空气质量改善报告（2013 ~ 2018 年）》，http://www.mee.gov.cn/xxgk2018/xxgk/xxgk15/201906/t20190606_705778.html。

② 刘文华、徐必久主编《中国环境统计年鉴—2018》，中国统计出版社，2018，第 19 页。

③ 文兼武、刘炳江主编《中国环境统计年鉴—2012》，中国统计出版社，2012，第 22 页。

药施用量已连续三年负增长，化肥施用量已实现零增长，提前三年完成到2020年化肥、农药施用量零增长的目标。2019年1月1日，《土壤污染防治法》正式施行，为我国推动土壤资源的永续利用，以及农业和工业用地安全生产提供了法律保障。

3. 社会发展速度世界瞩目，科技创新助力产业结构转型升级

中国社会发展进步指数居世界第一，社会经济正由高速增长向高质量发展转变。中国1990～2017年人均GNI增长率、1990～2017年城镇化增长率和1990～2016年高等教育入学增长率均居世界第一；1990～2017年服务业附加值占GDP比例增长率排名第13位，高于发达国家和样本国家平均水平。中国14亿人口的现代化基数将重塑全球发展格局，也为发展中国家提供了社会发展的样板。

改革开放是中国发展的强大动力，是创造中国奇迹的重要原因。进入21世纪，中国抓住了新一轮科技革命和产业变革的机遇，科技创新助力产业结构转型升级。2017年，我国第三产业占国内生产总值的59.6%，规模以上电子信息产业企业达6.08万家，其中电子信息制造企业1.99万家，软件和信息技术服务业企业4.09万家。与此同时，我国高等教育从数量到质量的优化提升，为我国全面实现现代化储备了大量的人力资源。例如，教育部曾计划到2020年建立50家人工智能学院、研究院或交叉研究中心，建设100个国家级虚拟仿真实验教学中心，专门培育人工智能创新研究团队和专门高级人才。

产业结构升级不断推进，制造业与服务业深度融合的国际化趋势，形成生产型服务业新业态。近年来，在国家一系列政策推动下，物联网、云计算、大数据、移动互联网、人工智能等新一代信息技术升级发展，互联网加速向各行业渗透，制造业和服务业深度融合，服务业新业态、新模式、新产业不断涌现①。以信息服务业为代表的新兴服务业呈爆发式增长，电子商务、云计算、移动互联网、互联网金融等新业态加速发展，信息消

---

① 黄鑫、董碧娟、李哲、林火灿：《服务业：新业态迸发新动力》，《经济日报》2015年5月29日，中国经济网，http://www.ce.cn/xwzx/gnsz/gdxw/201505/29/t20150529_5491098.shtml。

费规模持续扩大，成为拉动我国经济社会发展的新引擎。信息技术、电子商务等高技术服务业在加快传统产业转型升级、带动新增就业等方面发挥着日益重要的作用，已经成为落实创新驱动战略、打造中国经济"升级版"的重要支撑。

4. 协调程度进步指数居世界首位，节能增效建设成效显著

中国协调程度建设稳中有进，得益于节能增效减排工程的有序推进。中国1990~2015年单位GDP水资源效率为803.61美元/千克，排名第一位，1990~2014年单位GDP能耗下降率和1990~2014年单位GDP二氧化碳排放量下降率分别以65.11%和58.05%的进步率排名第七位。2017年，中国单位GDP二氧化碳排放量比2005年下降约46%，单位GDP二氧化碳排放量已达到《巴黎协定》的具体要求。

国家推出"循环经济""低碳经济""两型社会"等发展目标，国内涌现出一批优秀的科技能源企业。格力电器、华能、金风科技等企业在推进先进节能环保技术应用、持续提升资源利用效率、推动节能减排等方面作出了积极贡献。2012~2019年，格力电器4次荣获"国家科学技术进步奖二等奖"等国家级奖项。数据显示，若将格力所有已售的相关设备相加，共可节约耗电2.49亿度，减少二氧化碳排放量21.17万吨，若将我国每年销售的离心机全部替换为格力高效直驱变频离心机，每年可节约耗电10.34亿度，减少二氧化碳排放量86.7万吨，由此产生的经济效益和社会效益都十分突出[1]。金风科技作为新能源行业的领跑者，积极发挥新能源产业在优化能源结构和生态文明建设中的重要作用，截至2019年底，公司全球累计装机超过60GW，相当于每年减少二氧化碳排放12283万吨，再造森林6712万立方米[2]。

2017年，我国能源消费结构进一步优化，但"一煤独大"的能源消费格局尚未改变。煤炭占能源消费总量的60.4%，新能源与可再生能源占能源消费总量的13.1%。为应对气候变化，中国专门发布了"十二五"国家

---

[1] 《格力电器再获"国奖" 自主创新驱动产业绿色发展》，http://www.gree.com/pczwb/xwzx/cms_category_1261/20200111/detail - 18946. shtml。

[2] 《金风科技 - 可持续发展》，http://www.goldwind.com.cn/about/duty。

碳捕集、利用与封存科技发展专项规划。《中国应对气候变化科技专项行动》《"十二五"国家应对气候变化科技发展专项规划》均将"二氧化碳捕集、利用与封存技术"列为重点支持、集中攻关和示范的技术领域。碳捕集、利用与封存（CCUS）技术是一项新兴的、具有大规模二氧化碳减排潜力的技术，有望实现化石能源的低碳利用，被广泛认为是应对全球气候变化、控制温室气体排放的重要技术之一。2012 年，华能建成投产了我国首座 IGCC 示范电站，也是世界第 6 座 IGCC 电站。这标志着国内掌握了 IGCC 电站的关键技术，具备了自主设计、建设、调试和运行 IGCC 电站的能力，是我国电力工业发展的一个重要里程碑，对促进煤炭清洁高效利用、应对气候变化、建设美丽中国都具有十分重要的意义。

二　加强我国生态文明建设的政策建议

1990～2017 年，中国生态文明建设整体进展明显，特别是社会发展与协调程度领域的进展最为显著。2014 年 4 月 15 日，习近平总书记在中央国家安全委员会第一次会议上正式将"生态安全"纳入"总体国家安全观"，为我国构建生态安全型社会铺垫了制度基石。与发达国家相比，中国生态活力和环境质量领域的进展存在差距。生态文明建设作为一项长期的艰巨任务，仍需要从各个领域不断加强。

1. 继续推进森林生态系统建设，保障国家林业工程健康发展

林业是生态文明建设的重要基础，是美丽中国构建的核心元素。虽然我国林业工程取得了较好成效，但从整体上看，我国的森林覆盖率仍然低于全球 32% 的平均水平，人均森林面积和人均森林蓄积量远低于世界人均水平，且存在质量不高、分布不均现象。我国自然生态环境本底较脆弱，生态退化局部改善、整体恶化的状况仍未改变，林业工程面临巨大的压力和挑战。

中国应尽快确立"生态立国"战略，继续推进林业工程系统建设。良好的环境与资源开发是维系人类社会存续和发展的两大支柱，但生态系统具有更基础性地位和作用，生态安全是国家有序发展的基础和底线。在"两型社会"建设基础上，我国应尽快确立生态立国战略，强化生态保护与建设，避免环境局部好转而生态系统整体退化的现象。

2. 加强环境污染区域治理，形成"大环保"常态治理格局

深化区域联防联控机制是打赢蓝天保卫战的重要一环，是应对区域性重污染天气的必要手段。京津冀、长三角、珠三角等重点区域联防联控的治理经验表明，打破区域行政割裂，能够有效推进空气质量改善。重点区域应坚持精准治污、科学治污、依法治污，提升环境监测和执法监管能力，推进大气环境管理体系和治理能力现代化。

建立流域综合治理制度，完善监督执行机制。尽管我国水环境保护的立法体系已基本健全，但受限于各种错综复杂的因素，管理体制、制度构架和实施机制等方面依然存在诸多问题。其中，我国至今尚未建立统一的水资源管理机构，对水资源缺乏统筹规划，割裂了水资源保护和利用过程内在的统一性和连贯性。

从发达国家水资源治理经验来看，水资源保护应该有全面协调、统筹的制度安排。国外一些水法非常详细地规定了管理机构的职责，治理目标明确，并建立了有效的技术保障机制。在水资源保护领域，世界各国多立法与执法并重，特别是美国的立法和实践建立了水资源保护的公众监督与公益诉讼制度。因此，在学习借鉴国外水资源保护立法的同时，要建立流域统一管理制度，健全水资源保护法律，完善监督执行机制，建立健全公众参与治理制度，不断拓宽公众参与治理的渠道，打造共有、共享、共建的"大环保"治理格局。

3. 加快科技创新，驱动产业结构优化升级

2018 年我国研发经费支出占 GDP 比重为 2.19%，全球排名第二位。2019 年，中国人均 GDP 首次超过 1 万美元，面临"中等收入陷阱"的挑战。国际上公认的成功跨越"中等收入陷阱"的国家和地区大多在东亚儒家文化圈，除了中东的以色列，就是东亚的日本和"四小龙"（韩国、新加坡、中国香港和台湾）。就较大规模的经济体而言，仅有日本和韩国实现了由低收入经济体向高收入经济体的转换。

发挥科学技术对经济社会的支撑与引领作用，提高科技进步对经济的贡献率，转变经济发展方式。创新驱动成为国家核心战略，也是"十三五"规划最重要的导向性战略。技术创新在驱动中国经济转型中起决定性

作用。产业结构转型升级，直接关联的是社会发展方式、生产生活方式、环境污染治理方式与能源利用方式等方面的变化，深刻影响着生态文明建设的进展。推动绿色生产转型与建设水平提升，就要以技术创新推动工业转型升级，在技术进步中寻找改善环境质量的积极因素。一是加大研发投入力度，跟上世界科技强国步伐；二是注重加大绿色、低碳、节能环保技术的研发投入，如化石能源清洁利用技术、空气净化技术等；三是掌握低碳节能环保领域的关键技术与知识产权，提高有效科技产出，实现技术商业化，发展节能环保产业。

4. 优化能源消费结构，加快构建低碳清洁产业体系

2017 年 10 月 18 日，习近平总书记在十九大报告中指出，推进绿色发展。加快出台绿色生产和消费的法律制度和政策，建立健全绿色低碳循环发展的经济体系。构建市场导向的绿色技术创新体系，发展绿色金融，壮大节能环保产业、清洁生产产业、清洁能源产业。推进能源生产和消费革命，构建清洁低碳、安全高效的能源体系。1997 年，我国人口超过百万的特大城市只有 37 个，2017 年，我国百万人口城市数量达到 78 个，百万人口城市 20 年翻了一番多。我国城镇化发展在加速，能源消费正处于上升阶段。

我国煤炭消费体量过大，需要逐步改变这一能源消费结构。能源消费结构不合理直接导致工业能耗下降幅度缓慢，亟须加快能源结构调整，尽快形成以油气等清洁能源为主的消费模式，紧跟全球低碳化发展趋势，提高环境承载能力。在节能减排压力不断加大的背景下，我国应坚持能源结构调整方向，通过政策和市场引导，大力发展非煤能源，形成煤、油、气、新能源、可再生能源多轮驱动的能源供应体系。

立足我国现实国情，应以能源结构清洁化和低碳化为转型方向，围绕提高能源效率、大力发展可再生能源和清洁能源技术三大路径，以"核煤油气"作为组合式过渡能源，从节能减排、净化空气和能源安全考虑，多维度推进能源绿色革命。具体来说，一是要大力推进新能源和可再生能源开发；二是要推进以天然气、能源绿色技术为中心的化石能源高效清洁利用；三是以能源互联网重构能源供需生态，推动能源产业链式变革，跟上全球能源清洁化和低碳化的步伐。

第四章

类型分析

　　生态运动始于西方国家，诱因在于日益严重的环境危机，目的在于追寻人与自然关系的平衡与协调，涉及经济发展、社会进步、环境保护等不同维度。中国提出构建人类命运共同体，但囿于历史与现实的国际政治、经济秩序，各国经济、自然、环境、文化等各个层面的基础、诉求不同，存在不同的生态文明建设类型。正如习近平所强调的："要树立全球视野，深化国际创新交流合作，发挥各自比较优势和资源禀赋，让科技进步惠及更多国家和人民。"比较差异，吸取教训，借鉴经验，正确考量不同国家在全球生态治理中的责任与担当，才能少走弯路，凝聚共识，应对全球生态环境难题，同时在实践中更好地推进国内生态文明建设。

　　在具体做法上，本章以 117 个国家生态文明建设各项数据为基础，分别依据国家经济发展水平、所属地区将这些国家纳入不同群组，进一步对这些群组国家的生态文明建设水平类型、生态文明建设进展类型进行分析，力图揭示国家收入水平、所属地区同生态文明建设的潜在关系；与此同时，基于生态文明建设水平高低和进展快慢，将 117 个国家分为领跑型、追赶型、前滞型、后滞型、中间型五个生态文明类型，并对不同类型进行分析，比较中国同金砖国家及典型发达国家的异同。

第一节 水平类型

本节分别对不同经济发展水平国家的生态文明建设水平类型和不同地区国家的生态文明建设水平类型进行分析。

一 不同经济发展水平样本国家生态文明建设水平类型

按照世界银行标准，将 117 个国家划分为高收入国家、中高收入国家、中低收入国家和低收入国家①进行类型比较，并对 21 个公认发达国家和 5 个金砖国家进行类型分析。

1. 高收入国家的生态文明建设水平类型

从平均值来看，高收入国家生态文明建设水平类型的基本特点是：生态活力、环境质量、协调程度、社会发展各项指标全面领先 117 国平均值（见图 4－1），但不排除个别高收入国家生态文明建设仍处于较低水平。

高收入国家生态文明水平指数平均值为 72.74 分，明显高于 117 国平均值（64.79 分），其中最高值为卢森堡的 93.38 分，最低值为巴林的 37.81 分。具体到生态活力、环境质量、社会发展、协调程度四个二级水平指数，高收入国家各二级指数的平均值均明显高于 117 国平均值，各二级指数的最

---

① 高收入国家包括：阿根廷、阿拉伯联合酋长国、爱尔兰、爱沙尼亚、奥地利、澳大利亚、巴林、巴拿马、比利时、冰岛、波兰、韩国、丹麦、德国、法国、芬兰、荷兰、加拿大、捷克、卡塔尔、科威特、克罗地亚、拉脱维亚、立陶宛、卢森堡、马耳他、美国、挪威、葡萄牙、日本、瑞典、瑞士、塞浦路斯、沙特阿拉伯、斯洛伐克、斯洛文尼亚、特立尼达和多巴哥、文莱、乌拉圭、西班牙、希腊、新加坡、新西兰、匈牙利、以色列、意大利、英国、智利。

中高收入国家包括：阿尔巴尼亚、阿尔及利亚、阿塞拜疆、巴拉圭、巴西、白俄罗斯、保加利亚、波斯尼亚和黑塞哥维那、博茨瓦纳、多米尼加、俄罗斯、厄瓜多尔、哥伦比亚、哥斯达黎加、古巴、哈萨克斯坦、黑山、黎巴嫩、罗马尼亚、马来西亚、毛里求斯、秘鲁、墨西哥、纳米比亚、南非、塞尔维亚、苏里南、泰国、土耳其、危地马拉、委内瑞拉、牙买加、亚美尼亚、伊朗、约旦、中国。

中低收入国家包括：埃及、安哥拉、巴基斯坦、玻利维亚、洪都拉斯、吉尔吉斯斯坦、加纳、喀麦隆、科特迪瓦、肯尼亚、孟加拉国、缅甸、摩尔多瓦、摩洛哥、尼加拉瓜、萨尔瓦多、斯里兰卡、苏丹、突尼斯、乌克兰、印度、印度尼西亚、赞比亚。

低收入国家包括：埃塞俄比亚、多哥、津巴布韦、莫桑比克、尼泊尔、尼日尔、塞内加尔、塔吉克斯坦、坦桑尼亚、也门。

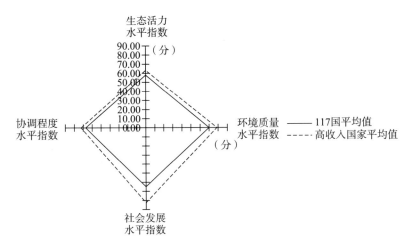

图4-1　高收入样本国家生态文明建设水平类型雷达图

大值均为满分100分。生态文明水平指数的最小值及二级指数的最小值表明，并非所有高收入国家的生态文明建设水平都处于领先地位，相反，部分高收入国家的生态文明建设水平较低，如沙特阿拉伯、巴林、卡塔尔等中东国家，由于先天自然地理环境、资源效率等问题，其生态活力、协调程度均处于较低水平，生态文明水平指数得分也不高，尤其是沙特阿拉伯生态活力水平指数得分仅为7.49分。具体各项指标得分见表4-1。

表4-1　高收入样本国家生态文明建设水平

单位：分

	生态活力 水平指数	环境质量 水平指数	社会发展 水平指数	协调程度 水平指数	生态文明 水平指数
高收入国家平均值	63.20	78.69	82.52	72.45	72.74
高收入国家最大值	100.00	100.00	100.00	100.00	93.38
高收入国家最小值	7.49	41.01	58.10	35.98	37.81
117国平均值	57.92	69.99	64.84	67.31	64.79

2. 中高收入国家的生态文明建设水平类型

从平均值来看，中高收入国家生态文明建设水平类型的基本特点是：生态活力水平略高于117国平均值，环境质量、协调程度、社会发展各项平均值均稍低于117国平均值（见图4-2）；个别中高收入国家生态文明建设水平处于领先地位，如巴西。

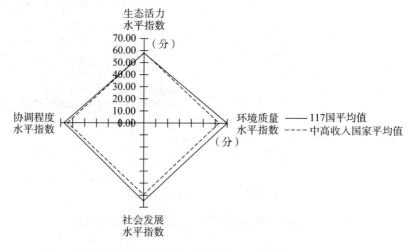

图4-2　中高收入样本国家生态文明建设水平类型雷达图

中高收入国家生态文明水平指数平均值为61.59分，略低于117国平均值（64.79分），其中最高值为巴西的80.83分，最低值为约旦的39.72分。具体到生态活力、环境质量、社会发展、协调程度等四个二级水平指数，中高收入国家除生态活力指数平均值略高于117国平均值外，其余三项指数均低于117国平均值；各二级指数的最大值分别为90.93分、81.9分、72.54分、84.55分，最小值分别为6.12分、33.87分、51.34分、37.94分。数据显示，中高收入国家社会发展水平较为接近，差距不大，但在生态活力方面，受先天自然地理环境等影响，部分国家生态活力较差，如约旦生态活力得分仅为6.12分，影响了其生态文明水平指数。生态文明水平指数的最大值表明部分中高收入国家生态文明建设水平处于领先地位，如巴西。具体各项指标得分见表4-2。

表4-2　中高收入样本国家生态文明建设水平

单位：分

	生态活力水平指数	环境质量水平指数	社会发展水平指数	协调程度水平指数	生态文明水平指数
中高收入国家平均值	58.29	63.36	59.44	64.50	61.59

续表

	生态活力 水平指数	环境质量 水平指数	社会发展 水平指数	协调程度 水平指数	生态文明 水平指数
中高收入国家最大值	90.93	81.90	72.54	84.55	80.83
中高收入国家最小值	6.12	33.87	51.34	37.94	39.72
117 国平均值	57.92	69.99	64.84	67.31	64.79

3. 中低收入国家的生态文明建设水平类型

从平均值来看，中低收入国家生态文明建设水平类型的基本特点是：生态活力、社会发展水平明显低于 117 国平均值，环境质量、协调程度平均值接近但稍低于 117 国平均值（见图 4-3），生态文明建设水平普遍不高。

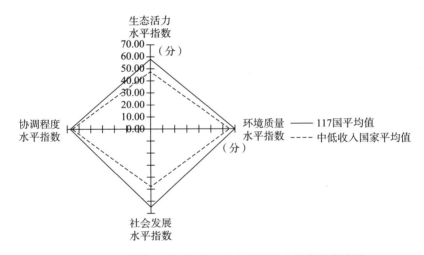

图 4-3　中低收入样本国家生态文明建设水平类型雷达图

中低收入国家生态文明水平指数平均值为 57.56 分，低于 117 国平均值（64.79 分），其中最高值为尼加拉瓜的 67.42 分，最低值为埃及的 46.2 分。具体到生态活力、环境质量、社会发展、协调程度等四个二级水平指数，中低收入国家除环境质量、协调程度指标同 117 国平均值差距不大外，生态活力、社会发展均低于 117 国平均值；各二级指数的最大值分别为 76.37 分、80.00 分、64.31 分、78.37 分，最小值分别为 16.86 分、43.77 分、37.23 分、36.94 分。数据显示，中低收入国家社会发展水平普遍不高，其他方面也无明显优势，生态文明建设缺少突出特征。具体各项指标得分见表4-3。

表4-3　中低收入样本国家生态文明建设水平

单位：分

	生态活力 水平指数	环境质量 水平指数	社会发展 水平指数	协调程度 水平指数	生态文明 水平指数
中低收入国家平均值	47.53	65.56	47.93	65.73	57.56
中低收入国家最大值	76.37	80.00	64.31	78.37	67.42
中低收入国家最小值	16.86	43.77	37.23	36.94	46.20
117国平均值	57.92	69.99	64.84	67.31	64.79

4. 低收入国家的生态文明建设水平类型

从平均值来看，低收入国家生态文明建设水平类型的基本特点是：生态活力平均值略低于117国平均值，环境质量、协调程度平均值低于117国平均值，社会发展大幅落后于117国平均值（见图4-4）；生态文明建设整体乏善可陈。

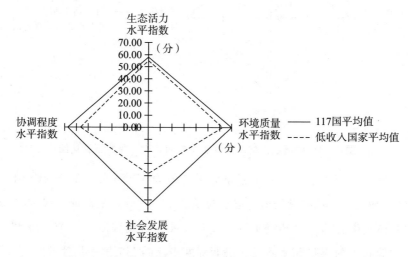

图4-4　低收入样本国家生态文明建设水平类型雷达图

低收入国家生态文明水平指数平均值为54.80分，与117国平均值（64.79分）有较大差距，其中最高值为尼泊尔的65.88分，最低值为津巴布韦的41.1分。具体到生态活力、环境质量、社会发展、协调程度四个二级水平指数，低收入国家四项二级指数均低于 117 国平均值，尤其是社会发展水平远低于 117 国平均值；各二级指数的最大值分别为 87.20 分、74.51 分、50.55 分、68.77 分，最小值分别为 2.77 分、43.88 分、29.33 分、38.79 分。数据显示，低收入国家生态文明建设水平普遍较低，共性是社会发展不足，个别国家如也门，由于生态活力、社会发展均处于极低水平，生态文明建设水平同其他国家差距巨大。具体各项指标得分见表 4 - 4。

表 4 - 4　低收入样本国家生态文明建设水平

单位：分

	生态活力水平指数	环境质量水平指数	社会发展水平指数	协调程度水平指数	生态文明水平指数
低收入国家平均值	55.15	62.31	38.36	56.42	54.80
低收入国家最大值	87.20	74.51	50.55	68.77	65.88
低收入国家最小值	2.77	43.88	29.33	38.79	41.10
117 国平均值	57.92	69.99	64.84	67.31	64.79

5. 发达国家的生态文明建设水平类型

从平均值来看，发达国家生态文明建设水平类型的基本特点是：生态活力、环境质量、社会发展、协调程度各项指标全面大幅领先于 117 国平均值（见图 4 - 5）；除韩国等个别国家外，发达国家生态文明建设水平普遍较高。

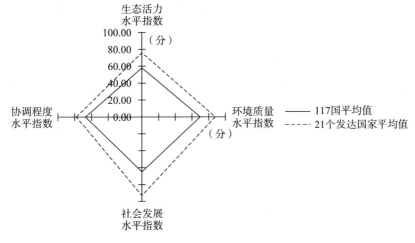

图 4 - 5　发达国家生态文明建设水平类型雷达图

发达国家生态文明水平指数平均值为 82.16 分，大幅领先于 117 国平均值（64.79 分），其中最高值为卢森堡的 93.38 分，最低值为韩国的 55.94 分。具体到生态活力、环境质量、社会发展、协调程度四个二级水平指数，发达国家各二级指数的平均值均大幅领先于 117 国平均值，各二级指数的最大值均为满分 100 分，最低值分别为 49.93 分、53.17 分、75.83 分、52.93 分，所有发达国家社会发展水平均处于领先地位。除韩国外，发达国家生态文明建设水平均大幅领先于 117 国平均值，韩国生态活力、环境质量、协调程度均为样本发达国家的最低值，生态文明建设水平指数也明显低于其他发达国家。具体各项指标得分见表 4 - 5。

表 4 - 5　发达国家生态文明建设水平

单位：分

	生态活力 水平指数	环境质量 水平指数	社会发展 水平指数	协调程度 水平指数	生态文明 水平指数
21 个发达国家平均值	76.01	88.00	92.85	78.09	82.16
发达国家最大值	100.00	100.00	100.00	100.00	93.38
发达国家最小值	49.93	53.17	75.83	52.93	55.94
117 国平均值	57.92	69.99	64.84	67.31	64.79

6. 金砖国家的生态文明建设水平类型

从平均值来看，金砖国家生态文明建设水平类型的基本特点是：生态活力略高于 117 国平均值，环境质量、社会发展低于 117 国平均值，协调程度同 117 国平均值有明显差距（见图 4 - 6）；除巴西外，中国、俄罗斯、南非、印度生态文明水平指数均未达到 117 国平均值，各国存在不同程度的问题。

金砖国家生态文明水平指数平均值为 59.60 分，低于 117 国平均值（64.79 分），其中最高值为巴西的 80.83 分，最低值为印度的 50.45 分。具体到生态活力、环境质量、社会发展、协调程度四个二级水平指数，除生态活力外，金砖国家各二级指数平均值均低于 117 国平均值，各二级指数的最大值分别为 81.71 分、81.25 分、72.54 分、84.55 分，最低值分别为 40.07 分、36.01 分、42.46 分、37.94 分。其中巴西的生态文明建设水

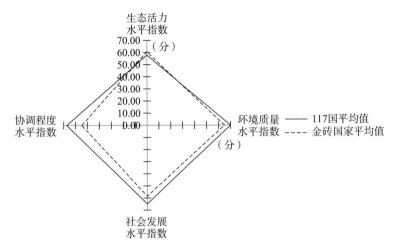

图 4-6 金砖国家生态文明建设水平类型雷达图

平指数良好，各二级指数均高于 117 国平均值；中国在环境质量方面存在较多问题，需要改善；俄罗斯在协调程度方面有进步空间；协调程度同样也是南非的最大问题，生态活力、社会发展也有待改善；印度各项指数均低于 117 国平均值。具体各项指标得分见表 4-6。

表 4-6 金砖国家生态文明建设水平

单位：分

	生态活力水平指数	环境质量水平指数	社会发展水平指数	协调程度水平指数	生态文明水平指数
金砖国家平均值	60.62	64.97	58.51	54.67	59.60
金砖国家最大值	81.71	81.25	72.54	84.55	80.83
金砖国家最小值	40.07	36.01	42.46	37.94	50.45
117 国平均值	57.92	69.99	64.84	67.31	64.79

7. 小结

整体来看，生态文明建设水平高低同国家收入以及发达程度呈正相关，生态文明水平指数随国家收入的提高呈现上升趋势，高收入国家生态文明水平指数显著高于低收入国家，社会发展水平指数、协调程度水平指数的表现亦是如此。发达国家生态文明水平指数及各项二级指数均明显优于其他国家，金砖国家除巴西外生态文明建设水平指数并无优势，且各国在不同领域均存在不同程度的问题，仍有很大改进空间（见表4-7）。

表4-7　不同经济发展水平的样本国家生态文明建设水平类型基本情况汇总

单位：分

	生态活力 水平指数	环境质量 水平指数	社会发展 水平指数	协调程度 水平指数	生态文明 水平指数
高收入国家	63.20	78.69	82.52	72.45	72.74
中高收入国家	58.29	63.36	59.44	64.50	61.59
中低收入国家	47.53	65.56	47.93	65.73	57.56
低收入国家	55.15	62.31	38.36	56.42	54.80
发达国家	76.01	88.00	92.85	78.09	82.16
金砖国家	60.62	64.97	58.51	54.67	59.60

二　不同地区的样本国家生态文明建设水平类型

1. 东亚、南亚及太平洋地区

从平均值来看，东亚、南亚及太平洋地区生态文明建设水平类型的基本特点是：生态活力略高于117国平均值，环境质量、社会发展、协调程度均略低于117国平均值（见图4-7）；具体到国家，生态文明建设水平指数同国家收入水平存在一定关联，除韩国外，发达国家生态文明建设水

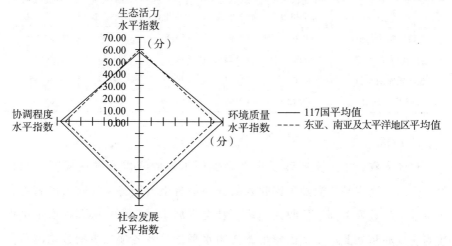

图4-7　东亚、南亚及太平洋地区生态文明建设水平类型雷达图

平及各项二级指标表现良好，低收入国家中的尼泊尔表现尚可。

东亚、南亚及太平洋地区生态文明水平指数平均值为 62.91 分，低于 117 国平均值（64.79 分），其中最高值为新西兰的 82.05 分，最低值为印度的 50.45 分。具体到生态活力、环境质量、社会发展、协调程度四个二级水平指数，除生态活力外，东亚、南亚及太平洋地区各二级指数的平均值均低于 117 国平均值，各二级指数的最大值分别为 100 分、96.68 分、100 分、78.37 分，最低值分别为 28.89 分、36.01 分、40.09 分、45.56 分。其中发达国家如新西兰、澳大利亚、日本等生态文明建设水平指数良好，各二级指数均高于 117 国平均值；低收入国家中的尼泊尔生态文明建设水平指数、生态活力水平指数高于其他低收入国家及 117 国平均值。进一步细分，南亚地区诸国除尼泊尔外，生态文明建设水平均低于 117 国平均值，这些国家的共性是均为中低收入国家，而东亚四国日本、韩国、文莱、新加坡均为高收入国家，除韩国外，生态文明建设表现优异。具体各项指标得分见表 4－8。

表 4－8　东亚、南亚及太平洋地区生态文明建设水平

单位：分

	生态活力 水平指数	环境质量 水平指数	社会发展 水平指数	协调程度 水平指数	生态文明 水平指数
东亚、南亚及 太平洋地区平均值	57.97	65.52	62.89	65.69	62.91
类型最大值	100.00	96.68	100.00	78.37	82.05
类型最小值	28.89	36.01	40.09	45.56	50.45
117 国平均值	57.92	69.99	64.84	67.31	64.79

2. 美洲地区

从平均值来看，美洲地区生态文明建设水平类型的基本特点是：生态活力高于 117 国平均值，协调程度略高于 117 国平均值，环境质量、社会发展稍低于 117 国平均值（见图 4－8）；除特立尼达和多巴哥、萨尔瓦多两国外，该地区生态文明建设水平指数均在 60 分以上。

美洲地区生态文明水平指数平均值为 66.55 分，高于 117 国平均值

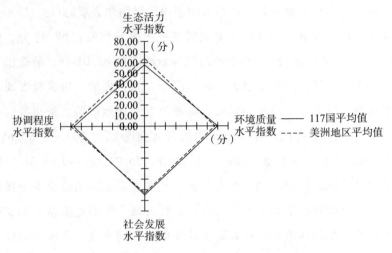

图 4 - 8　美洲地区生态文明建设水平类型雷达图

（64.79 分），其中最高值为美国的 85.24 分，最低值为特立尼达和多巴哥的 47.01 分。具体到生态活力、环境质量、社会发展、协调程度四个二级水平指数，各二级指数的最大值分别为 91.42 分、100 分、94.93 分、84.55 分，最低值分别为 26.36 分、37.98 分、47.02 分、35.98 分。其中北美地区美国、加拿大两国生态文明建设水平较高，其他地区，除巴西、多米尼加生态文明建设水平较高，特立尼达和多巴哥、萨尔瓦多两国生态文明水平指数低于 50 分外，其余诸国无明显短板。具体各项指标得分见表 4 - 9。

表 4 - 9　美洲地区生态文明建设水平

单位：分

	生态活力水平指数	环境质量水平指数	社会发展水平指数	协调程度水平指数	生态文明水平指数
美洲地区平均值	64.03	67.40	63.20	70.04	66.55
类型最大值	91.42	100.00	94.93	84.55	85.24
类型最小值	26.36	37.98	47.02	35.98	47.01
117 国平均值	57.92	69.99	64.84	67.31	64.79

3. 欧洲及中亚地区

从平均值来看，欧洲及中亚地区生态文明建设水平类型的基本特点是：生态活力、环境质量、社会发展三项二级指数均明显高于 117 国平均值，协调程度略高于117国平均值（见图4-9）；具体到国家，该地区生态文明建设水平指数同国家收入水平存在明显的正相关关系，高收入国家生态文明建设水平得分普遍较高。

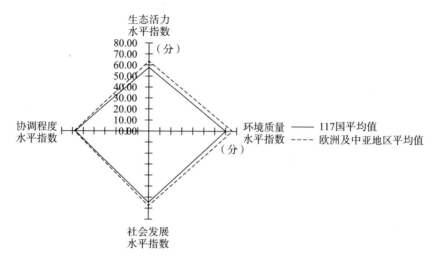

图4-9 欧洲及中亚地区生态文明建设水平类型雷达图

欧洲及中亚地区生态文明水平指数平均值为72.98分，明显高于117国平均值（64.79分），其中最高值为卢森堡的93.38分，最低值为摩尔多瓦的51.17分。生态活力、环境质量、社会发展、协调程度四个二级水平指数的最大值分别为98.08分、100分、99.96分、100分，最低值分别为31.26分、53.31分、46.70分、36.94分。该地区发达国家及高收入国家较多，生态文明建设水平指数普遍较高，卢森堡、瑞士、奥地利、法国四国得分甚至均在90分以上；相比之下，其他中高等收入国家生态文明建设的表现一般，而该地区中低等收入国家生态文明建设则表现较差。具体各项指标得分见表4-10。

表4-10 欧洲及中亚地区生态文明建设水平

单位：分

	生态活力水平指数	环境质量水平指数	社会发展水平指数	协调程度水平指数	生态文明水平指数
欧洲及中亚地区平均值	67.53	79.90	74.67	71.82	72.98

续表

	生态活力 水平指数	环境质量 水平指数	社会发展 水平指数	协调程度 水平指数	生态文明 水平指数
类型最大值	98.08	100.00	99.96	100.00	93.38
类型最小值	31.26	53.31	46.70	36.94	51.17
117国平均值	57.92	69.99	64.84	67.31	64.79

4. 撒哈拉以南非洲地区

从平均值来看，撒哈拉以南非洲地区生态文明建设水平类型的基本特点是：生态活力、环境质量水平指数低于117国平均值，协调程度明显低于117国平均值，社会发展水平严重落后于117国平均值（见图4－10）；该地区以中低等收入国家、低收入国家为主，社会发展普遍不足，生态文明建设水平指数普遍较低。

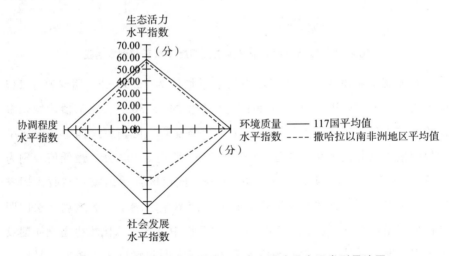

图4－10 撒哈拉以南非洲地区生态文明建设水平类型雷达图

撒哈拉以南非洲地区生态文明水平指数平均值为58.07分，明显低于117国平均值（64.79分），其中最高值为纳米比亚的68.02分，最低值为尼日尔的48.17分。该地区生态活力、环境质量、社会发展、协调程度四个二级水平指数的最大值分别为69.97分、80.00分、59.32分、74.87分，最低值分别为31.97分、43.88分、31.11分、37.94分。该地区以中低等收入国家、低收入国家为主，无发达国家和高收入国家，这些国家社会发展普遍不足，生态文明建设水平指数普遍较低，仅有纳米比亚、博茨瓦纳两个中高等收入国家生态文明建设水平指数高于117国平均值。具体各项指标得分见表4-11。

表4-11　撒哈拉以南非洲地区生态文明建设水平

单位：分

	生态活力水平指数	环境质量水平指数	社会发展水平指数	协调程度水平指数	生态文明水平指数
撒哈拉以南非洲地区平均值	55.47	65.64	44.17	61.32	58.07
类型最大值	69.97	80.00	59.32	74.87	68.02
类型最小值	31.97	43.88	31.11	37.94	48.17
117国平均值	57.92	69.99	64.84	67.31	64.79

5. 中东与北非地区

从平均值来看，中东与北非地区生态文明建设水平类型的基本特点是：四个二级指数中有三个低于117国平均值，其中，生态活力水平指数极为落后，环境质量、协调程度也明显低于117国平均值，社会发展水平指数略高于117国平均值（见图4-11）；该地区先天自然生态劣势明显，虽不乏高收入国家，但生态文明建设水平指数普遍较低。

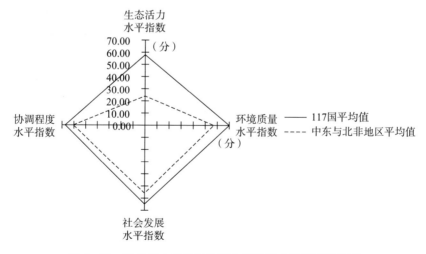

图4-11　中东与北非地区生态文明建设水平类型雷达图

中东与北非地区生态文明水平指数平均值为46.26分，与117国平均值（64.79 分）差距较大，其中最高值为以色列的 57.4 分，最低值为巴林的 37.81 分。该地区生态活力、环境质量、社会发展、协调程度四个二级水平指数的最大值分别为 41.67 分、67.76 分、86.78 分、68.77 分，最低值分别为 2.77 分、33.87 分、29.33 分、39.76 分。该地区资源优势较为明显，但生态活力先天劣势明显，存在明显不足，生态文明建设水平指数普遍较低，甚至该地区生态文明水平指数最高的以色列也仅有 57.4 分，远低于 117 国平均值。具体各项指标得分见表 4 - 12。

表 4 - 12　中东与北非地区生态文明建设水平

单位：分

	生态活力 水平指数	环境质量 水平指数	社会发展 水平指数	协调程度 水平指数	生态文明 水平指数
中东与北非 地区平均值	19.66	53.28	64.91	57.68	46.26
类型最大值	41.67	67.76	86.78	68.77	57.40
类型最小值	2.77	33.87	29.33	39.76	37.81
117 国平均值	57.92	69.99	64.84	67.31	64.79

6. 小结

整体来看，不同地区国家生态文明建设水平差异巨大，不同地区比较、同地区内不同国家比较，均基本遵循生态文明水平指数随国家收入提高呈上升趋势这一规律；但个别先天自然生态劣势明显的区域，如中东与北非地区，存在高收入国家生态文明水平指数较低的现象。相较之下，欧洲及中亚地区生态文明水平指数普遍较高，各项二级指标也全面领先，美洲地区次之，紧随其后的是东南亚及太平洋地区、撒哈拉以南非洲地区，中东与北非地区尽管部分国家社会发展水平尚可，但该地区生态文明水平指数处于垫底位置（见表 4 - 13）。

表 4 - 13　不同地区国家生态文明建设水平类型基本情况汇总

单位：分

地区	生态活力 水平指数	环境质量 水平指数	社会发展 水平指数	协调程度 水平指数	生态文明 水平指数
东亚、南亚及太平洋地区	57.97	65.52	62.89	65.69	62.91

续表

地区	生态活力 水平指数	环境质量 水平指数	社会发展 水平指数	协调程度 水平指数	生态文明 水平指数
美洲地区	64.03	67.40	63.20	70.04	66.55
欧洲及中亚地区	67.53	79.90	74.67	71.82	72.98
撒哈拉以南非洲地区	55.47	65.64	44.17	61.32	58.07
中东与北非地区	19.66	53.28	64.91	57.68	46.26

第二节　进展类型

本节基于1990～2017年数据，分别对不同经济发展水平样本国家的生态文明建设进展类型和不同地区样本国家的生态文明建设进展类型进行分析。

一　不同经济发展水平样本国家生态文明建设进展类型

1. 高收入国家的生态文明建设进展类型

从平均值来看，高收入国家生态文明建设进展类型的基本特点是：生态活力年均进步率、环境质量年均进步率、协调程度年均进步率均高于117国平均值，社会发展年均进步率略低于117国平均值（见图4-12）；生态文明年均进步率高于117国平均值。

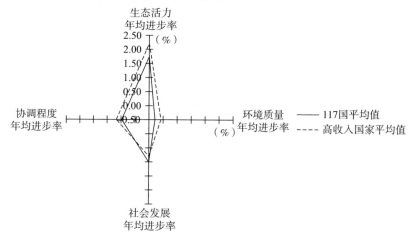

图4-12　高收入国家生态文明年均进步率类型雷达图

高收入国家生态文明年均进步率为 0.96%，高于 117 国平均值 (0.75%)，其中最大值为马耳他的 2.91%，最小值为文莱的 - 0.75%。生态活力、环境质量、社会发展、协调程度四个二级指标年均进步率的最大值分别为 7.54%、1.32%、2.14%、2.58%，最小值分别为 - 1.69%、- 6.08%、- 0.08%、- 0.91%。整体来看，高收入国家生态文明年均进步率表现良好，但对应较低的生态文明建设水平指数，中东地区的沙特阿拉伯、卡塔尔两国的生态文明年均进步率为 - 0.74%、- 0.62%，相比之下，欧洲的主要高收入国家生态文明年均进步率表现较好，也无负值出现。具体各项指标得分见表 4 - 14。

表 4 - 14　高收入国家生态文明年均进步率

单位：%

	生态活力年均进步率	环境质量年均进步率	社会发展年均进步率	协调程度年均进步率	生态文明年均进步率
高收入国家平均值	2.21	- 0.08	0.80	0.67	0.96
类型最大值	7.54	1.32	2.14	2.58	2.91
类型最小值	- 1.69	- 6.08	- 0.08	- 0.91	- 0.75
117 国平均值	1.74	- 0.29	1.01	0.48	0.75

2. 中高收入国家的生态文明建设进展类型

从平均值来看，中高收入国家生态文明建设进展类型的基本特点是：环境质量年均进步率低于 117 国平均值，生态活力年均进步率、协调程度年均进步率、社会发展年均进步率略高于 117 国平均值（见图 4 - 13）；生态文明年均进步率与 117 国平均值相同。

中高收入国家生态文明年均进步率为 0.75%，同 117 国平均值 0.75% 一致，其中最大值为罗马尼亚的 3.00%，最小值为文莱的 - 0.76%。生态活力、环境质量、社会发展、协调程度四个二级指标年均进步率最高值分别为 5.56%、1.43%、4.64%、4.46%，最低值分别为 - 0.2%、- 2.19%、- 0.13%、- 2.96%。就各项数据来看，中高收入国家生态文明年均进步率与 117 国平均值相当，4 个领域发展大致均衡。具体各项指标得分见表 4 - 15。

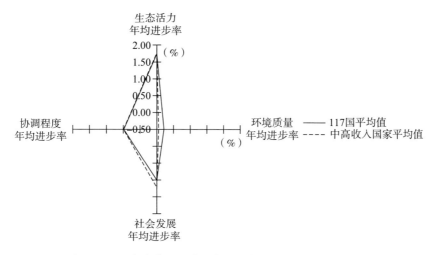

图 4 – 13　中高收入国家生态文明年均进步率类型雷达图

表 4 – 15　中高收入国家生态文明年均进步率

单位：%

	生态活力 年均进步率	环境质量 年均进步率	社会发展 年均进步率	协调程度 年均进步率	生态文明 年均进步率
中高收入国家平均值	1.78	− 0.45	1.22	0.49	0.75
类型最大值	5.56	1.43	4.64	4.46	3.00
类型最小值	− 0.20	− 2.19	− 0.13	− 2.96	− 0.76
117 国平均值	1.74	− 0.29	1.01	0.48	0.75

3. 中低收入国家的生态文明建设进展类型

从平均值来看，中低收入国家生态文明建设进展类型的基本特点是：生态活力年均进步率、环境质量年均进步率、协调程度年均进步率均低于117 国平均值，社会发展年均进步率略高于 117 国平均值（见图 4 – 14）；生态文明年均进步率低于 117 国平均值。

中低收入国家生态文明年均进步率为 0.47%，低于 117 国平均值（0.75%），其中最大值为摩洛哥的 2.18%，最小值为科特迪瓦的 − 0.81%。生态活力、环境质量、社会发展、协调程度四个二级指标年均进步率的最大值分别为 6.80%、7.52%、2.90%、1.76%，最小值分别为 − 0.95%、− 4.25%、0.09%、− 0.92%。整体来看，中低收入国家生态文明年均进

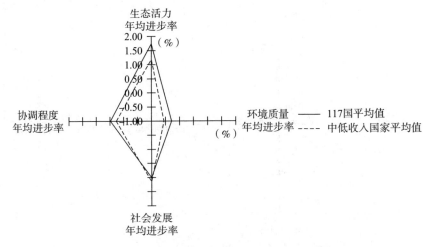

图4－14　中低收入国家生态文明年均进步率类型雷达图

步率与117国平均值有差距，仅社会发展年均进步率一项二级指标略高于117国平均值。数据显示，中低收入国家普遍对生态活力、环境质量重视不足。具体各项指标得分见表4－16。

表4－16　中低收入国家生态文明年均进步率

单位：%

	生态活力年均进步率	环境质量年均进步率	社会发展年均进步率	协调程度年均进步率	生态文明年均进步率
中低收入国家平均值	1.18	－0.55	1.14	0.27	0.47
类型最大值	6.80	7.52	2.90	1.76	2.18
类型最小值	－0.95	－4.25	0.09	－0.92	－0.81
117国平均值	1.74	－0.29	1.01	0.48	0.75

4．低收入国家的生态文明建设进展类型

从平均值来看，低收入国家生态文明建设进展类型的基本特点是：生态活力年均进步率、协调程度年均进步率均远低于117国平均值，环境质量年均进步率略高于117国平均值，社会发展年均进步率略低于117国平均值（见图4－15）；生态文明年均进步率不足117国平均值一半。

低收入国家生态文明年均进步率为0.31％，远低于117国平均值（0.75％），其中最大值为塔吉克斯坦的1.20％，最小值为尼泊尔的

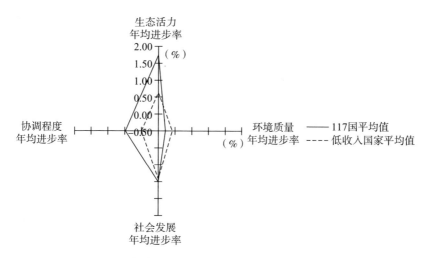

图 4 – 15　低收入国家生态文明年均进步率类型雷达图

– 0.60%。生态活力、环境质量、社会发展、协调程度四个二级指标年均进步率的最大值分别为 2.57%、2.04%、1.66%、1.42%，最小值分别为 – 0.96%、– 3.35%、0.32%、– 1.42%。整体来看，低收入国家生态文明年均进步率远低于 117 国平均值，仅环境质量年均进步率一项二级指标略高于 117 国平均值。数据显示，低收入国家尤其是撒哈拉以南非洲地区国家，生态活力、协调程度等方面发展存在困难。具体各项指标得分见表 4 – 17。

表 4 – 17　低收入国家生态文明年均进步率

单位：%

	生态活力年均进步率	环境质量年均进步率	社会发展年均进步率	协调程度年均进步率	生态文明年均进步率
低收入国家平均值	0.63	– 0.08	0.92	0.00	0.31
类型最大值	2.57	2.04	1.66	1.42	1.20
类型最小值	– 0.96	– 3.35	0.32	– 1.42	– 0.60
117 国平均值	1.74	– 0.29	1.01	0.48	0.75

5. 发达国家的生态文明建设进展类型

从平均值来看，发达国家生态文明建设进展类型的基本特点是：生态活力年均进步率、环境质量年均进步率、协调程度年均进步率均明显高于

117 国平均值，社会发展年均进步率略低于 117 国平均值（见图 4 – 16）；生态文明年均进步率明显高于 117 国平均值。

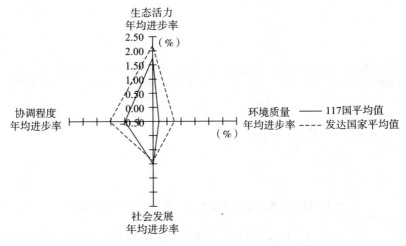

图 4 – 16　发达国家生态文明年均进步率类型雷达图

发达国家生态文明年均进步率为 1.17%，高于 117 国平均值（0.75%），其中最大值为爱尔兰的 2.59%，最小值为加拿大的 0.32%。生态活力、环境质量、社会发展、协调程度四个二级指标年均进步率的最大值分别为 6.37%、1.07%、2.14%、2.58%，最小值分别为 0.20%、 – 1.17%、0.01%、0.33%。整体来看，发达国家的生态文明年均进步率表现良好，无负值出现，明显高于 117 国平均值，且生态活力、社会发展、协调程度三个指标年均进步率也无负值出现。具体各项指标得分见表 4 – 18。

表 4 – 18　发达国家生态文明年均进步率

单位：%

	生态活力年均进步率	环境质量年均进步率	社会发展年均进步率	协调程度年均进步率	生态文明年均进步率
发达国家平均值	2.18	0.26	0.89	1.04	1.17
类型最大值	6.37	1.07	2.14	2.58	2.59
类型最小值	0.20	– 1.17	0.01	0.33	0.32
117 国平均值	1.74	– 0.29	1.01	0.48	0.75

6. 金砖国家的生态文明建设进展类型

从平均值来看，金砖国家生态文明建设进展类型的基本特点是：生态活力年均进步率、环境质量年均进步率两项二级指标低于 117 国平均值，社会发展年均进步率和协调程度年均进步率显著高于 117 国平均值（见图 4-17）；生态文明年均进步率高于 117 国平均值。

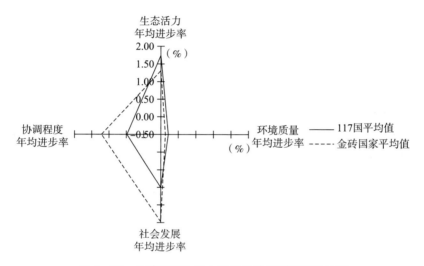

图 4-17　金砖国家生态文明年均进步率类型雷达图

金砖国家生态文明年均进步率为 0.96%，高于 117 国平均值（0.75%），其中最大值为中国的 1.97%，最小值为巴西的 0.47%。生态活力、环境质量、社会发展、协调程度四个二级指标年均进步率的最大值分别为 2.38%、0.40%、4.64%、3.87%，最小值分别为 0.80%、-0.85%、0.48%、-0.33%。整体来看，金砖国家的生态文明年均进步率表现尚可，高于 117 国平均值。数据显示，金砖国家生态文明建设领域更重视社会发展和协调程度，环境质量工作还不到位。具体各项指标得分见表 4-19。

表 4-19　金砖国家生态文明年均进步率

单位：%

	生态活力 年均进步率	环境质量 年均进步率	社会发展 年均进步率	协调程度 年均进步率	生态文明 年均进步率
金砖国家平均值	1.31	-0.37	1.97	1.22	0.96

	生态活力 年均进步率	环境质量 年均进步率	社会发展 年均进步率	协调程度 年均进步率	生态文明 年均进步率
类型最大值	2.38	0.40	4.64	3.87	1.97
类型最小值	0.80	− 0.85	0.48	− 0.33	0.47
117 国平均值	1.74	− 0.29	1.01	0.48	0.75

7. 小结

从数据来看，近年来，发达国家生态文明年均进步率明显高于同期其他国家，高收入国家、金砖国家、中高收入国家、中低收入国家、低收入国家生态文明年均进步率依次递减。二级指标年均进步率数据显示，发达国家、高收入国家生态活力年均进步率指标表现更好，而金砖国家社会发展年均进步率和协调程度年均进步率指标显著领先（见表4－20）。

表4－20　不同经济发展水平的样本国家生态文明建设年均
进步率基本情况汇总

单位：%

	生态活力 年均进步率	环境质量 年均进步率	社会发展 年均进步率	协调程度 年均进步率	生态文明 年均进步率
高收入国家	2.21	− 0.08	0.80	0.67	0.96
中高收入国家	1.78	− 0.45	1.22	0.49	0.75
中低收入国家	1.18	− 0.55	1.14	0.27	0.47
低收入国家	0.63	− 0.08	0.92	0.00	0.31
金砖国家	1.31	− 0.37	1.97	1.22	0.96
发达国家	2.18	0.26	0.89	1.04	1.17

二　不同地区的样本国家生态文明建设进展类型

1. 东亚、南亚及太平洋地区

从平均值来看，东亚、南亚及太平洋地区生态文明建设进展类型的基本特点是：生态活力年均进步率、环境质量年均进步率两项二级指标明显低于117国平均值，但社会发展年均进步率显著高于117国平均值，协调程度年均进步率略高于117国平均值（见图4－18）；该地区生态文明年均进步率低于 117 国平均值。

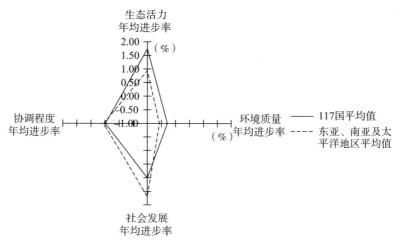

图 4-18　东亚、南亚及太平洋地区国家生态文明年均
进步率类型雷达图

东亚、南亚及太平洋地区生态文明年均进步率为 0.56%，低于 117 国平均值（0.75%），其中最大值为巴基斯坦的 2.08%，最小值为文莱的 -0.75%。生态活力、环境质量、社会发展、协调程度四个二级指标年均进步率的最大值分别为 3.06%、7.52%、4.64%、3.87%，最小值分别为 -1.69%、-4.25%、0.06%、-1.42%。整体来看，东亚、南亚及太平洋地区国家生态文明年均进步率并不理想，低于 117 国平均值。数据显示，该地区社会发展年均进步率较高，但对生态活力、环境质量重视不足，各国差异较大。具体各项指标得分见表 4-21。

表 4-21　东亚、南亚及太平洋地区国家生态文明年均进步率

单位：%

	生态活力年均进步率	环境质量年均进步率	社会发展年均进步率	协调程度年均进步率	生态文明年均进步率
东亚、南亚及太平洋地区国家平均值	0.93	-0.57	1.69	0.55	0.56
类型最大值	3.06	7.52	4.64	3.87	2.08
类型最小值	-1.69	-4.25	0.06	-1.42	-0.75
117 国平均值	1.74	-0.29	1.01	0.48	0.75

2. 美洲地区

从平均值来看，美洲地区生态文明建设进展类型的基本特点是：生态活力年均进步率、环境质量年均进步率、社会发展年均进步率、协调程度年均进步率四项指标均低于 117 国平均值，尤其是环境质量年均进步率、协调程度年均进步率同 117 国平均值差距明显（见图 4 - 19）；该地区生态文明年均进步率明显低于 117 国平均值。

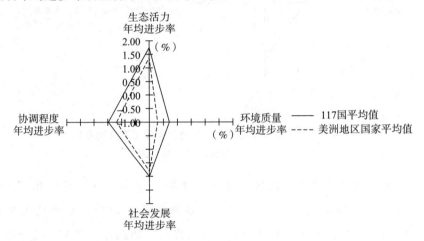

图 4 - 19 美洲地区国家生态文明年均进步率类型雷达图

美洲地区生态文明年均进步率为 0.41%，明显低于 117 国平均值（0.75%），其中最大值为墨西哥的 1.58%，最小值为危地马拉的 - 0.47%。生态活力、环境质量、社会发展、协调程度四个二级指标年均进步率的最大值分别为 4.09%、1.31%、1.80%、1.55%，最小值分别为 - 0.95%、- 2.19%、- 0.13%、- 0.89%。整体来看，美洲地区国家生态文明年均进步率明显低于 117 国平均值，尤其是环境质量年均进步率、协调程度年均进步率差距明显，具体到各国差异较大。具体各项指标得分见表 4 - 22。

表 4 - 22 美洲地区国家生态文明年均进步率

单位：%

	生态活力年均进步率	环境质量年均进步率	社会发展年均进步率	协调程度年均进步率	生态文明年均进步率
美洲地区国家平均值	1.37	- 0.71	0.81	0.18	0.41
类型最大值	4.09	1.31	1.80	1.55	1.58

续表

	生态活力 年均进步率	环境质量 年均进步率	社会发展 年均进步率	协调程度 年均进步率	生态文明 年均进步率
类型最小值	- 0.95	- 2.19	- 0.13	- 0.89	- 0.47
117 国平均值	1.74	- 0.29	1.01	0.48	0.75

3. 欧洲及中亚地区

从平均值来看，欧洲及中亚地区国家生态文明建设进展类型的基本特点是：生态活力年均进步率、环境质量年均进步率、协调程度年均进步率三项指标均显著高于 117 国平均值，社会发展年均进步率略低于 117 国平均值（见图 4 - 20）；该地区生态文明年均进步率明显高于 117 国平均值。

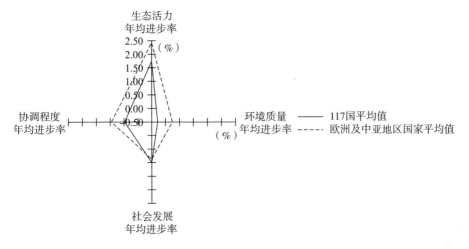

图 4 - 20　欧洲及中亚地区国家生态文明年均进步率
类型雷达图

欧洲及中亚地区生态文明年均进步率为 1.21%，明显高于 117 国平均值（0.75%），其中最大值为罗马尼亚的 3.00%，最小值为哈萨克斯坦的 0.01%。生态活力、环境质量、社会发展、协调程度四个二级指标年均进步率的最大值分别为 7.54%、1.43%、2.64%、4.46%，最小值分别为 - 0.26%、 - 1.26%、0.01%、 - 0.86%。整体来看，欧洲及中亚地区国家社会发展平稳，生态文明年均进步率明显高于 117 国平均值，且无负值出现，该地区生态活力年均进步率、环境质量年均进步率、协调程度年均进步率都表现优异。具体各项指标得分见表4-23。

表4-23 欧洲及中亚地区国家生态文明年均进步率

单位：%

	生态活力 年均进步率	环境质量 年均进步率	社会发展 年均进步率	协调程度 年均进步率	生态文明 年均进步率
欧洲及中亚地区国家 平均值	2.43	0.25	0.88	0.95	1.21
类型最大值	7.54	1.43	2.64	4.46	3.00
类型最小值	-0.26	-1.26	0.01	-0.86	0.01
117国平均值	1.74	-0.29	1.01	0.48	0.75

4. 撒哈拉以南非洲地区

从平均值来看，撒哈拉以南非洲地区国家生态文明建设进展类型的基本特点是：生态活力年均进步率、协调程度年均进步率两项指标明显低于117国平均值，环境质量年均进步率略低于117国平均值，社会发展年均进步率略高于117国平均值（见图4-21）；该地区生态文明年均进步率明显低于117国平均值。

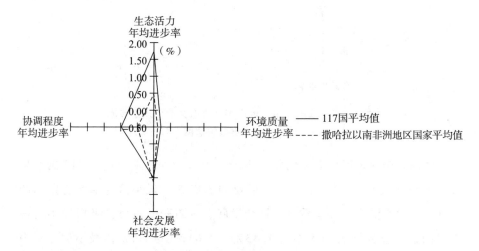

图4-21 撒哈拉以南非洲地区国家生态文明年均进步率
类型雷达图

撒哈拉以南非洲地区国家生态文明年均进步率为0.22%，明显低于

117 国平均值 (0.75%), 其中最大值为毛里求斯的 1.16%, 最小值为科特迪瓦的 -0.81%。生态活力、环境质量、社会发展、协调程度四个二级指标年均进步率的最大值分别为 1.60%、2.04%、2.88%、1.42%, 最小值分别为 -0.96%、-2.81%、0.19%、-2.96%。整体来看, 撒哈拉以南非洲地区国家生态文明年均进步率明显低于 117 国平均值, 该地区比较重视社会发展, 但生态活力、环境质量、协调程度等方面存在较大改善空间。具体各项指标得分见表 4-24。

表 4-24 撒哈拉以南非洲地区国家生态文明年均进步率

单位: %

	生态活力年均进步率	环境质量年均进步率	社会发展年均进步率	协调程度年均进步率	生态文明年均进步率
撒哈拉以南非洲地区国家平均值	0.48	-0.39	1.14	-0.01	0.22
类型最大值	1.60	2.04	2.88	1.42	1.16
类型最小值	-0.96	-2.81	0.19	-2.96	-0.81
117 国平均值	1.74	-0.29	1.01	0.48	0.75

5. 中东与北非地区

从平均值来看, 中东与北非地区国家生态文明建设进展类型的基本特点是: 生态活力年均进步率明显高于 117 国平均值, 但环境质量年均进步率、协调程度年均进步率两项指标明显低于 117 国平均值, 社会发展年均进步率略低于 117 国平均值 (见图 4-22); 该地区生态文明年均进步率略低于 117 国平均值。

中东与北非地区国家生态文明年均进步率为 0.73%, 略低于 117 国平均值 (0.75%), 其中最大值为摩洛哥的 2.18%, 最小值为沙特阿拉伯的 -0.74%。生态活力、环境质量、社会发展、协调程度四个二级指标年均进步率的最大值分别为 6.80%、1.32%、1.68%、1.08%, 最小值分别为 0.38%、-6.08%、-0.08%、-0.92%。整体来看, 中东与北非地区国家生态文明年均进步率略低于 117 国平均值。数据显示, 该地区生态活力进步明显, 但环境质量、协调程度等方面存在较大提升空间。具体各项指标得分见表 4 - 25。

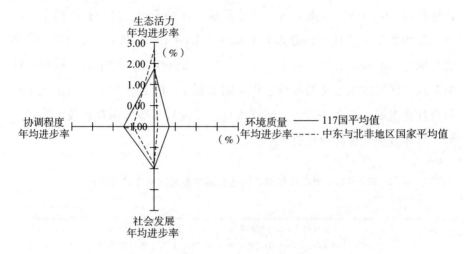

图 4 - 22 中东与北非地区国家生态文明年均进步率
类型雷达图

表 4 - 25 中东与北非地区国家生态文明年均进步率

单位：%

	生态活力 年均进步率	环境质量 年均进步率	社会发展 年均进步率	协调程度 年均进步率	生态文明 年均进步率
中东与北非地区国家 平均值	2.70	- 0.83	0.80	0.02	0.73
类型最大值	6.80	1.32	1.68	1.08	2.18
类型最小值	0.38	- 6.08	- 0.08	- 0.92	- 0.74
117 国平均值	1.74	- 0.29	1.01	0.48	0.75

6. 小结

从数据来看，欧洲及中亚地区国家生态文明进步率最大，撒哈拉以南非洲地区国家生态文明年均进步率最低，各地区内部国家差异明显，不同地区、国家关注点不同，生态文明进步率同国家收入水平关联明显，但不存在必然关系（见表 4 - 26）。

表 4-26　各地区样本国家生态文明年均进步率基本情况汇总

单位：%

	生态活力 年均进步率	环境质量 年均进步率	社会发展 年均进步率	协调程度 年均进步率	生态文明 年均进步率
东亚、南亚及太平洋地区国家平均值	0.93	-0.57	1.69	0.55	0.56
美洲地区国家平均值	1.37	-0.71	0.81	0.18	0.41
欧洲及中亚地区国家平均值	2.43	0.25	0.88	0.95	1.21
撒哈拉以南非洲地区国家平均值	0.48	-0.39	1.14	-0.01	0.22
中东与北非地区国家平均值	2.70	-0.83	0.80	0.02	0.73

第三节　综合类型

基于生态文明建设水平高低和进展快慢，本节将 117 个样本国家分为领跑型、追赶型、前滞型、后滞型、中间型五种，对不同类型的国家进行分析，并比较中国同金砖国家和典型发达国家的优势和劣势。

一　生态文明建设综合类型的划分方法

课题组借鉴中国生态文明建设发展类型的划分方法，基于生态文明建设水平和进展，将 117 个国家划分为领跑型、追赶型、前滞型、后滞型和中间型五个类型[①]。根据各国生态文明建设水平指数 IECI 和 1990~2017 年年均进步率，以样本国家的平均值 ±0.2 标准差为分界线，分别划分出 IECI 和 1990~2017 年年均进步率的三个等级。大于等于平均值 +0.2 标准差的数值赋予等级分 3 分，介于平均值 +0.2 标准差和平均值 -0.2 标准差之间的数值赋予等级分 2 分，小于平均值 -0.2 标准差的数值赋予等级分 1 分。根据各国 IECI 和 1990~2017 年年均进步率的等级分，可以划分出国际生态文明建设综合类型。

① 领跑型国家。此类型国家 IECI 和 1990~2017 年年均进步率的等级

---

① 严耕、吴明红、樊阳程等：《中国生态文明建设发展报告（2014）》，北京大学出版社，2015。

分均为 3 分。② 追赶型国家。此类型国家 IECI 和 1990~2017 年年均进步率的等级分分别为 1 分和 3 分。③ 前滞型国家。此类型国家 IECI 和 1990~2017 年年均进步率分别为 3 分和 1 分。④ 后滞型国家。此类型国家 IECI 和 1990~2017 年年均进步率均为 1 分。⑤ 中间型国家。此类型国家 IECI 和 1990~2017 年年均进步率至少包含一个 2 分等级分，即建设水平或建设进展较接近平均值，特点不够突出。

二　国际生态文明建设的五种综合类型

1. 领跑型

整体来看，领跑型国家生态文明建设原有基础好，且维持良好，生态文明建设水平指数、生态文明建设年均进步率均处于领先地位，包括卢森堡、瑞士、英国、法国、美国等 27 国，多为发达国家；从收入水平看，以高收入国家为主，也包括阿尔巴尼亚、多米尼加、罗马尼亚、墨西哥四个中高收入国家；从分布区域来讲，以欧洲国家为主，也包括美国、墨西哥、智利等几个美洲国家和东亚的日本。除社会发展年均进步率稍低于 117 国平均值外，无论生态文明水平指数均值、年均进步率均值，还是各项二级指标均值、年均进步率均值，领跑型国家均处于明显领先地位，无明显短板（见表 4-27、表 4-28、表 4-29、图 4-23、图 4-24）。

表 4-27　领跑型国家生态文明建设基本情况

单位：分，%

国家	水平指数 等级分	年均进步率 等级分	生态文明 水平指数	生态文明 年均进步率
阿尔巴尼亚	3	3	71.29	2.21
爱尔兰	3	3	79.25	2.59
爱沙尼亚	3	3	76.13	1.72
比利时	3	3	81.49	1.16
波兰	3	3	72.78	1.18
丹麦	3	3	89.81	1.45

续表

国家	水平指数 等级分	年均进步率 等级分	生态文明 水平指数	生态文明 年均进步率
多米尼加	3	3	73.22	1.30
法国	3	3	90.03	1.35
芬兰	3	3	75.61	1.20
荷兰	3	3	78.14	1.24
克罗地亚	3	3	79.23	0.90
立陶宛	3	3	78.7	1.16
卢森堡	3	3	93.38	1.50
罗马尼亚	3	3	75.04	3.00
美国	3	3	85.24	0.96
墨西哥	3	3	69.71	1.58
葡萄牙	3	3	76.51	1.38
日本	3	3	75.16	1.06
瑞典	3	3	83.28	1.13
瑞士	3	3	92.89	1.60
斯洛文尼亚	3	3	76.5	1.13
西班牙	3	3	83.71	1.12
希腊	3	3	72.94	1.00
匈牙利	3	3	72.72	0.95
意大利	3	3	76.25	1.30
英国	3	3	90.85	1.84
智利	3	3	68.99	1.31

表 4 - 28　领跑型国家生态文明水平指数平均值

单位：分

	生态活力 水平指数	环境质量 水平指数	社会发展 水平指数	协调程度 水平指数	生态文明 水平指数
领跑型国家平均值	75.86	83.23	81.44	78.12	79.22
117 国平均值	57.92	69.99	64.84	67.31	64.79

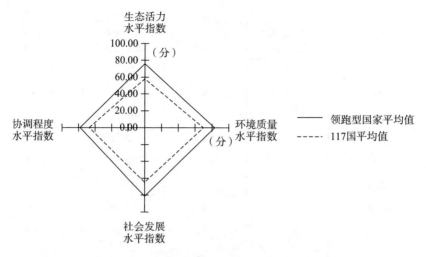

图4-23　领跑型国家生态文明水平指数雷达图

表4-29　领跑型国家生态文明年均进步率平均值

单位：%

	生态活力 年均进步率	环境质量 年均进步率	社会发展 年均进步率	协调程度 年均进步率	生态文明 年均进步率
领跑型国家平均值	2.84	0.38	0.93	1.10	1.42
117国平均值	1.74	-0.29	1.01	0.48	0.75

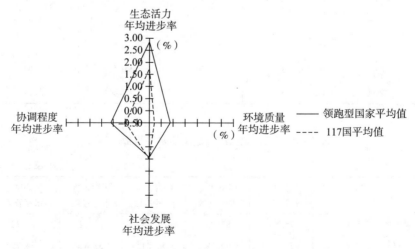

图4-24　领跑型国家生态文明年均进步率雷达图

2. 追赶型

整体来看，追赶型国家生态文明建设原有基础差，生态文明水平指数较低，但生态文明建设进步较快，年均进步率均处于领先地位，包括中国、印度、巴基斯坦、科威特等14国；从收入水平来看，追赶型国家以中高等收入国家、中低等收入国家为主，也包括巴林、科威特、韩国三个高收入国家和塔吉克斯坦一个低收入国家。从生态文明建设状况来看，追赶型国家生态文明水平指数及各项二级指标均明显落后于117国平均值，但从年均进步率看，无论是生态文明年均进步率，还是各项二级指标进步率，追赶型国家均具备明显优势（见表4-30、表4-31、表4-32、图4-25、图4-26）。

表4-30　追赶型国家生态文明建设基本情况

单位：分，%

国家	水平指数 等级分	年均进步率 等级分	生态文明 水平指数	生态文明 年均进步率
埃及	1	3	46.20	1.59
巴基斯坦	1	3	58.18	2.08
巴林	1	3	37.81	1.93
波斯尼亚和黑塞哥维那	1	3	55.58	1.28
韩国	1	3	55.94	0.91
古巴	1	3	61.49	1.02
科威特	1	3	48.38	1.07
毛里求斯	1	3	58.35	1.16
摩洛哥	1	3	55.60	2.18
塔吉克斯坦	1	3	60.46	1.20
突尼斯	1	3	50.37	1.37
牙买加	1	3	61.01	1.21
印度	1	3	50.45	1.00
中国	1	3	52.80	1.97

表4-31　追赶型国家生态文明水平指数平均值

单位：分

	生态活力 水平指数	环境质量 水平指数	社会发展 水平指数	协调程度 水平指数	生态文明 水平指数
追赶型国家平均值	42.55	58.01	57.89	59.36	53.76

续表

	生态活力水平指数	环境质量水平指数	社会发展水平指数	协调程度水平指数	生态文明水平指数
117 国平均值	57.92	69.99	64.84	67.31	64.79

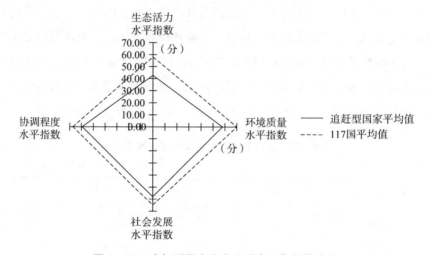

图 4-25　追赶型国家生态文明水平指数雷达图

表 4-32　追赶型国家生态文明年均进步率平均值

单位：%

	生态活力年均进步率	环境质量年均进步率	社会发展年均进步率	协调程度年均进步率	生态文明年均进步率
追赶型国家平均值	2.89	0.57	1.42	0.67	1.43
117 国平均值	1.74	-0.29	1.01	0.48	0.75

3. 前滞型

整体来看，前滞型国家生态文明建设原有基础普遍较好，生态文明水平指数较高，但生态文明年均进步率普遍落后，前滞型国家包括巴西、秘鲁、乌拉圭、挪威等13国；从收入水平来看，前滞型国家以高收入国家、中高等收入国家为主。从分布范围来讲，以美洲国家为主，也包括挪威、斯洛伐克、文莱、纳米比亚四国。从生态文明建设状况来看，前滞型国家生态文明水平指数及各项二级指标均高于或明显高于117国平均值，但从年均进步率看，前滞型国家生态文明年均进步率及二级指标进步率均落后于 117 国平均值（见表 4 - 33、表 4 - 34、表 4 - 35、图 4 - 27、图 4 - 28）。

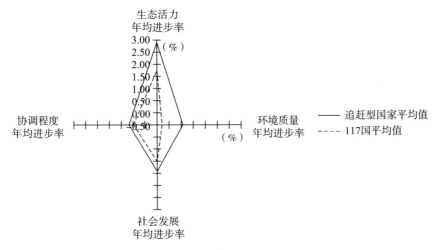

图 4 - 26　追赶型国家生态文明年均进步率雷达图

表 4 - 33　前滞型国家生态文明建设基本情况

单位：分，%

国家	水平指数等级分	年均进步率等级分	生态文明水平指数	生态文明年均进步率
巴拉圭	3	1	68.98	- 0.11
巴拿马	3	1	69.99	0.56
巴西	3	1	80.83	0.47
哥伦比亚	3	1	67.83	0.37
加拿大	3	1	77.77	0.32
秘鲁	3	1	69.33	0.44
纳米比亚	3	1	68.02	- 0.76
尼加拉瓜	3	1	67.42	- 0.07
挪威	3	1	76.57	0.56
斯洛伐克	3	1	80.28	0.53
委内瑞拉	3	1	68.31	0.13
文莱	3	1	69.69	- 0.75
乌拉圭	3	1	67.86	0.57

表4－34　前滞型国家生态文明水平指数平均值

单位：分

	生态活力水平指数	环境质量水平指数	社会发展水平指数	协调程度水平指数	生态文明水平指数
前滞型国家平均值	68.01	75.80	67.18	74.43	71.76
117国平均值	57.92	69.99	64.84	67.31	64.79

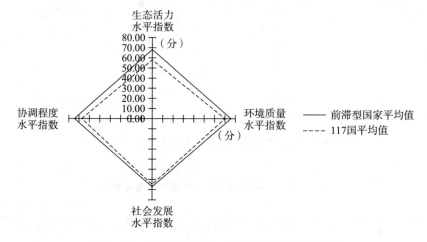

图4－27　前滞型国家生态文明水平指数雷达图

表4－35　前滞型国家生态文明年均进步率平均值

单位：%

	生态活力年均进步率	环境质量年均进步率	社会发展年均进步率	协调程度年均进步率	生态文明建设年均进步率
前滞型国家平均值	0.83	－0.69	0.77	－0.06	0.17
117国平均值	1.74	－0.29	1.01	0.48	0.73

4. 后滞型

整体来看，后滞型国家生态文明建设原有基础较差，进步也慢，生态文明水平指数、生态文明年均进步率均处于落后地位，后滞型国家包括阿根廷、卡塔尔、马来西亚、新加坡、以色列等32国；从收入水平来看，后滞型国家中低等收入国家较多，也包括以色列、卡塔尔等高收入国家。从分布范围来讲，撒哈拉以南非洲地区、中东与北非地区国家较多。从生态文

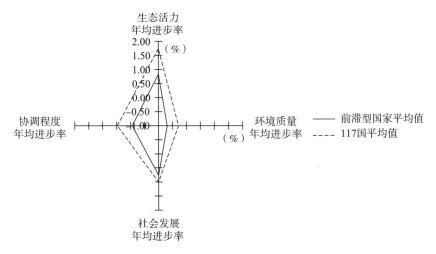

图 4 - 28　前滞型国家生态文明建设年均进步率雷达图

明建设状况来看,后滞型国家生态文明水平指数及各项二级指标均低于或明显低于 117 国平均值;在年均进步率方面,除社会发展年均进步率稍低于 117 国均值外,后滞型国家生态文明年均进步率及二级指标进步率大幅落后于 117 国平均值(见表 4 - 36、表 4 - 37、表 4 - 38、图 4 - 29、图 4 - 30)。

表 4 - 36　后滞型国家生态文明建设基本情况

单位:分,%

国家	水平指数 等级分	年均进步率 等级分	生态文明 水平指数	生态文明 年均进步率
阿尔及利亚	1	1	43.91	0.00
阿根廷	1	1	61.05	0.14
阿拉伯联合酋长国	1	1	49.05	0.33
阿塞拜疆	1	1	57.77	0.42
埃塞俄比亚	1	1	53.64	0.03
安哥拉	1	1	62.17	0.27
多哥	1	1	48.22	- 0.59
哥斯达黎加	1	1	60.97	0.10
哈萨克斯坦	1	1	52.03	0.01
洪都拉斯	1	1	60.8	- 0.12

续表

国家	水平指数 等级分	年均进步率 等级分	生态文明 水平指数	生态文明 年均进步率
吉尔吉斯斯坦	1	1	53.96	0.10
加纳	1	1	59.12	-0.48
喀麦隆	1	1	61.81	0.02
卡塔尔	1	1	43.23	-0.62
科特迪瓦	1	1	59.43	-0.81
黎巴嫩	1	1	43.92	0.58
马来西亚	1	1	56.66	0.29
孟加拉国	1	1	52.28	0.38
缅甸	1	1	59.9	-0.34
尼日尔	1	1	48.17	0.26
萨尔瓦多	1	1	53.58	-0.38
塞尔维亚	1	1	56.06	0.27
塞内加尔	1	1	58.67	-0.22
沙特阿拉伯	1	1	44.08	-0.74
斯里兰卡	1	1	58.72	0.44
苏丹	1	1	50.23	0.44
泰国	1	1	62.18	0.36
特立尼达和多巴哥	1	1	47.01	-0.13
危地马拉	1	1	60	-0.47
新加坡	1	1	62.14	0.13
伊朗	1	1	46.84	0.40
以色列	1	1	57.4	0.53

表 4－37　后滞型国家生态文明水平指数平均值

单位：分

	生态活力 水平指数	环境质量 水平指数	社会发展 水平指数	协调程度 水平指数	生态文明 水平指数
后滞型国家平均值	42.89	58.90	55.49	62.05	54.53
117 国平均值	57.92	69.99	64.84	67.31	64.79

表 4 - 38 后滞型国家生态文明年均进步率平均值

单位：%

	生态活力年均进步率	环境质量年均进步率	社会发展年均进步率	协调程度年均进步率	生态文明年均进步率
后滞型国家平均值	0.56	- 1.26	0.98	0.06	0.02
117 国平均值	1.74	- 0.29	1.01	0.48	0.75

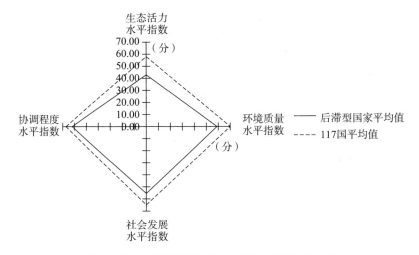

图 4 - 29 后滞型国家生态文明水平指数雷达图

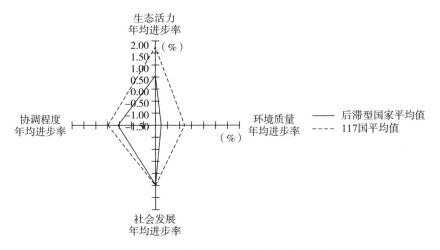

图 4 - 30 后滞型国家生态文明年均进步率雷达图

5. 中间型

整体来看，中间型国家未能实现生态文明水平指数和年均进步率的平衡，国家之间差异较大，生态文明水平指数、年均进步率参差不齐，既有奥地利、澳大利亚这种生态文明建设领先的国家，也有约旦、南非这些基础较差的国家，年均进步率方面也是如此，中间型国家包括白俄罗斯、冰岛、新西兰、乌克兰、约旦、尼泊尔、赞比亚等 31 国。从收入水平来看，中间型国家涵盖了所有收入水平类型，既包括德国、冰岛等高收入国家，也包括尼泊尔、坦桑尼亚等低收入国家；从分布范围来讲，中间型国家中的高收入国家多分布在欧洲。从生态文明建设状况来看，尽管中间型国家生态文明水平指数及各项二级指标均同 117 国平均值相差不大，但具体到不同国家差异较大，各项指标数值同国家收入水平有一定的正相关关系；在年均进步率方面，中间型国家生态文明年均进步率及二级指标进步率同 117 国平均值相差不大（见表 4 - 39、表 4 - 40、表 4 - 41、图 4 - 31、图 4 - 32）。

表 4 - 39　中间型国家生态文明建设基本情况

单位：分，%

国家	水平指数 等级分	年均进步率 等级分	生态文明 水平指数	生态文明 年均进步率
白俄罗斯	2	3	65.51	1.07
保加利亚	2	3	65.98	2.44
冰岛	2	3	65.66	0.95
马耳他	2	3	66.18	2.91
塞浦路斯	2	3	62.77	2.19
土耳其	2	3	63.45	1.55
亚美尼亚	2	3	66.2	1.11
奥地利	3	2	90.05	0.81
澳大利亚	3	2	80.09	0.80
德国	3	2	87.47	0.63
捷克	3	2	77.2	0.71
拉脱维亚	3	2	82.42	0.86
新西兰	3	2	82.05	0.87

国家	水平指数等级分	年均进步率等级分	生态文明水平指数	生态文明年均进步率
俄罗斯	2	2	62.66	0.66
黑山	2	2	66.53	0.70
肯尼亚	2	2	64.5	0.71
苏里南	2	2	63.67	0.74
津巴布韦	1	2	56.67	0.65
摩尔多瓦	1	2	51.17	0.67
莫桑比克	1	2	52.96	0.78
南非	1	2	51.27	0.70
坦桑尼亚	1	2	62.24	0.71
乌克兰	1	2	51.65	0.69
也门	1	2	41.1	0.86
约旦	1	2	39.72	0.71
玻利维亚	2	1	67.17	0.22
博茨瓦纳	2	1	65.22	0.48
厄瓜多尔	2	1	64.96	− 0.29
尼泊尔	2	1	65.88	− 0.60
印度尼西亚	2	1	64.51	0.29
赞比亚	2	1	64.6	0.55

表 4 – 40　中间型国家生态文明水平指数平均值

单位：分

	生态活力水平指数	环境质量水平指数	社会发展水平指数	协调程度水平指数	生态文明水平指数
中间型国家平均值	60.52	72.88	62.21	63.93	64.89
117 国平均值	57.92	69.99	64.84	67.31	64.79

表 4 – 41　中间型国家生态文明年均进步率平均值

单位：%

	生态活力年均进步率	环境质量年均进步率	社会发展年均进步率	协调程度年均进步率	生态文明年均进步率
中间型国家平均值	1.86	− 0.08	1.02	0.51	0.84
117 国平均值	1.74	− 0.29	1.01	0.48	0.75

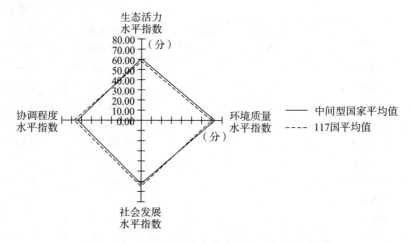

图4－31　中间型国家生态文明水平指数雷达图

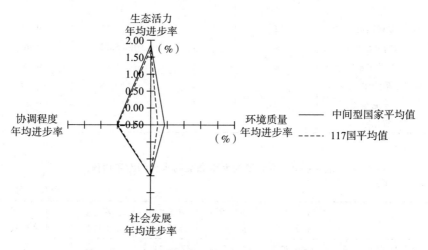

图4－32　中间型国家生态文明年均进步率雷达图

三　中国生态文明建设综合类型的国际比较

中国的生态文明建设综合类型属于追赶型。从数据来看，中国的生态文明水平指数为52.8分，水平等级分为1分，同典型发达国家相比，中国的生态文明水平存在较大差距，也不及金砖国家中的巴西、俄罗斯；但在年均进步率方面，中国的生态文明年均进步率为1.97%，进展等级分为3分，同典型发达国家及其他金砖国家相比，排名第一（见表4－42）。具体到各项二级指标,中国的生态活力水平指数得分尚可,但环境质量、社会发展、协调程度等得分较低。中国生态文明年均进步率表现较好,尤其是社会发展年均进步率和协调程度年均进步率在金砖国家和典型发达国家中排名第一,分别为 4.64%、3.87%。

表 4 - 42　中国与其他金砖国家及典型发达国家的生态文明综合类型比较

单位:分,%

国家	水平等级分	进展等级分	生态文明水平指数	生态文明年均进步率	综合类型
中国	1	3	52.8	1.97	追赶型
印度	1	3	50.45	1.00	追赶型
巴西	3	1	80.83	0.47	前滞型
南非	1	2	51.27	0.70	中间型
俄罗斯	2	2	62.66	0.66	中间型
美国	3	3	85.24	0.96	领跑型
日本	3	3	75.16	1.06	领跑型
法国	3	3	90.03	1.35	领跑型
英国	3	3	90.85	1.84	领跑型
意大利	3	3	76.25	1.30	领跑型
加拿大	3	1	77.77	0.32	前滞型
韩国	1	3	55.94	0.91	追赶型
澳大利亚	3	2	80.09	0.80	中间型
德国	3	2	87.47	0.63	中间型

第四节　类型分析及对策建议

各国生态文明类型基于生态文明建设水平和进展快慢划分,呈现不同特点。传统典型发达国家,包括英国、法国、美国等属领跑型,在生态文明建设中处于明显领先位置;后滞型国家则多为中低等收入国家;中国的生态文明建设虽然进步很快,但环境质量水平等仍有很大提升空间。

一 国际生态文明建设类型分析

不同国家地区的生态文明建设水平同其历史上和当下的国际政治经济秩序中的地位有关，如欧洲国家近代以来的先发优势和新时期国际分工中的优势等；同时，生态文明建设水平也受制于当地的环境、自然资源禀赋，如中东与北非地区生态活力先天不足，环境质量改善也困难重重。

高收入国家尤其是发达国家受惠于历史和当下的国际政治经济秩序，早早完成了工业化和城市化的历史任务，实现了经济发展由高污染、高能耗向低能耗、高收益的阶段转化，将重污染产业转移到其他国家和地区[①]，凭借经济、金融、技术、军事等方面的优势，在国际分工和产业链中占据优势地位。对于诸多低收入国家而言，促进经济发展、保障人民生活基本需求仍是重中之重，甚至根本无暇顾及环境污染。

中低收入国家、低收入国家和金砖国家的现代化进程还有很长的路要走，更重视发展经济、满足人民生活需求，其生态文明建设成效更多表现在社会发展进步率的提升上，而高收入国家尤其是发达国家已进入后工业时代，追求更高的生态活力和环境质量，追求更好的生活体验。当下，尽管各国在生态治理上达成了基本共识，但每个国家的发展重心、适用标准存在差异。

目前全球普遍认识到可持续发展的重要性，但受国际政治经济秩序和国际分工等因素影响，不同国家和地区在经济发展与环境保护之间依然面临取舍。尽管在 2002 年约翰内斯堡可持续发展世界首脑峰会上国际社会形成了普遍共识，提出必须统筹兼顾经济发展、社会进步、环境保护，但迄今为止，国际社会并没有找到实现三者统筹的有效措施，全球消除贫困、改善教育等目标取得较大进展，而环境目标却差距较大[②]。

[①] 刘香檀：《习近平人类命运共同体思想的生态维度探赜》，《延边党校学报》2018 年第 6 期，第 4~8 页。

[②] 孙新章等：《以全球视野推进生态文明建设》，《中国人口·资源与环境》2013 年第 7 期，第 9~12 页。

究其原因，不同国家发展阶段不同，面临的主要矛盾不同。大部分发达国家在经济全球化潮流中占得先机，在国际分工中转移污染，获取全球资源并利用金融全球化的优势牢牢掌控全球资本的分配和收益。同时，由于对生态环境破坏关注较早，发达国家一般有较为健全的生态环境法律保障，民众对环境的需求也更高。而更多的发展中国家和中低收入国家面临的首要任务是满足国民的基本生活需求，在国际分工中不得不承接发达国家淘汰的高污染、高能耗产业，在经济发展和生态破坏、环境污染之间面临两难。

从制度根源看，在生产资料私有制基础上，大部分国家很难协调资本的利润逻辑和生态环境保护的矛盾。尽管生态环境问题的严重性是当今世界的共识，但实践中，资本的逐利本性决定了资本家很难从社会需求、环境保护角度进行生产，事实上全球生态环境危机很大程度上正源于此。发达国家大量资本利用不合理的国际政治经济秩序和分工，在获得高额收益的同时将资源环境危机转嫁给发展中国家和地区成为一种常态。

历史发展已经表明，单纯的环境保护或者经济发展并不能解决可持续发展问题，生态文明建设在于经济发展、社会进步、环境保护齐头并进，也涉及经济发展、制度建设、科技进步、社会文化、地区均衡等多个维度的协调。在具体实践中，各国发展历史、发展阶段不同，面临的问题也多种多样，事实上也无可供世界各国直接参考的范本。

全世界不同国家和地区是休戚与共的生态共同体。生态问题是全球性问题，问题源自历史、源自工业文明进程，问题的解决则基于当下和未来，建立公平合理、合作共赢的全球治理体系，发挥不同国家的比较优势，分工合作，承担起各自的生态治理责任。

应对生态问题不应有"例外"，需要各个国家和地区共同努力，提出合理、公正、均衡的应对全球生态问题的解决方案，探索有助于人类可持续发展的治理路径和治理模式，从经济理性向生态理性转型[1]。

---

① 徐艳玲、陈明琨：《人类命运共同体的多重建构》，《毛泽东邓小平理论研究》2016 年第 7 期，第 74~79 页。

二 制度优势是中国生态文明建设有序推进的保障

中国作为最大的发展中国家，改革开放四十多年来取得了巨大的经济成就，也是生态文明建设的重要参与者、贡献者和引领者，尤其是十八大以来，中国生态文明建设理论和实践取得了长足进步，在全球环境治理中的话语权和影响力日渐增强。但中国的生态文明建设也面临巨大压力和挑战，中国应充分利用制度优势推进生态文明建设。

中国提出的生态文明建设理念是对国际可持续发展理念的丰富和发展。在某种意义上，中国生态文明建设理念既是基于中国国情，也是对国际可持续发展理念的丰富和发展。回顾全球可持续发展历程，它经历了三个不同阶段：20 世纪 60 年代到 1987 年对环境问题的理性反思，形成可持续发展理念，提出"既满足当代人的需要，又不对后代人满足其需要的能力构成伤害的发展"；1987 年至 2002 年，强调环境保护和治理的可持续发展理念；2002年至 2012 年，国际社会认识到要真正解决可持续发展问题，必须保证经济发展、社会进步、环境保护的统筹兼顾和平衡推进[1]。整体而言，无论是国际可持续发展理念，还是中国生态文明建设理念，一个共同的背景即全球性生态危机、环境危机，目标是实现经济社会发展的同时处理好人与自然的关系。

一方面，中国的生态文明建设面临国际国内的巨大压力和挑战。比如，中国在国际秩序和国际分工中的位置、中国自身经济发展和环境保护的关系、生态问题的公共性与地区差异问题、群众生态意识不足问题、制度化和法治化问题仍需完善等。事实上，国际社会对中国生态文明建设关注的重点，概括有以下几个方面：中国如何平衡经济增长与生态文明建设的关系，如何保证中央的政策得到有效执行，地方协同合作如何保障，制度化和法治化进程如何深化，发挥群众、企业、非政府组织等多主体的积极作用，适当承担全球环境治理责任[2]。

---

[1] 孙新章等：《以全球视野推进生态文明建设》，《中国人口·资源与环境》2013 年第 7 期，第 9~10 页。

[2] 周文华、董莹：《海外对中国改革开放以来生态文明建设的研究述评》，《国外社会科学》2018 年第 6 期，第 110~123 页。

另一方面，中国应正视生态文明建设的成效与问题，充分利用自身制度优势，提升治理能力，统筹协调生态资料在各个部门的分配。在已有的经济成就基础上，从国家层面统筹协调经济发展、社会进步和环境保护的关系，转变经济发展模式。党的十九届四中全会通过了《中共中央关于坚持和完善中国特色社会主义制度 推进国家治理体系和治理能力现代化若干重大问题的决定》，提出坚持完善生态文明制度体系，促进人与自然和谐共生，强调要实行最严格的生态环境保护制度，全面建立资源高效利用制度，建立生态保护和修复制度，明确生态环境保护责任制度，强调生态文明建设是关系中华民族永续发展的千年大计，必须践行"绿水青山就是金山银山"理念，坚持节约资源和保护环境的基本国策，坚持节约优先、保护优先、自然恢复为主的方针，坚定走生产发展、生活富裕、生态良好的文明发展道路，建设美丽中国。

应对生态问题，任何国家都不能独善其身，需要全人类携手共进，走出利己主义的藩篱，不能搞危机转嫁，构建更合理的国际政治经济秩序，提出合理、公正、均衡的解决方案，探索有助于人类可持续发展的治理路径和治理模式，打造生态共同体，推动建设人类命运共同体。具体到我国的生态文明建设，必须统筹国际、国内两个大局，积极参与生态问题的国际交流与合作，全面、深入推进生态环境问题的国际讨论与合作；加大生态建设理念和实践的宣传力度，树立良好的负责任大国形象；注重参与国际规则的制定，增强我国在规则制定中的话语权，维护我国的生态安全利益；更加注重提升环境保护国际公约的履约能力，把我国在全球可持续发展领域的建设性作用与解决好我国的生态文明问题有机结合起来，推动我国生态文明建设走向更高层次与水平[①]。

---

① 于晓雷：《70 年来我国生态文明建设的基本经验》，《观察与思考》2019 年第 12 期，第 64 ~ 70 页。

第五章

战略思考

　　中国的生态文明建设发展与世界范围绿色革新的浪潮有同步性，同时又因具体国情有自身的发展特点。作为最早响应联合国并制定颁布国家级世纪议程的国家，中国经过 20 世纪 90 年代的前期探索，21 世纪初的逐步明晰，创造性地率先提出了生态文明建设理念，并全面展开相应实践。国际比较表明，党的十八大以来，中国生态文明建设的理论和实践取得了长足进步。中国生态文明建设的国际优势虽尚不明显，但不同阶段的推进速度始终较高，获得的突出成绩不容否定。比较也显示，中国生态文明建设在环境质量改善和协调程度提升方面还面临较大挑战，仍处于负重前行的关键时期。本章基于进展和类型的国际比较，尝试探讨中国生态文明建设的世界意义、比较优势、战略目标和推进路径。

第一节　中国生态文明建设的世界意义

　　中国生态文明建设成效明显，具有非常重要的世界意义。作为世界上最大的发展中国家，中国克服重重挑战，以良好的建设进展为世界生态环境治理向好发展注入了强大动力，成为世界生态文明建设的主动参与者和重要贡献者，为全球生态环境治理变革提供了中国力量。中国的生态文明理念丰富和发展了全球可持续发展的理论体系，生态文明建设实践为可持续发展机制探索提供了宝贵的中国经验。中国生态文明建设遵循的人与自然和谐共生的新型现代化理念，为广大发展中国家提供了超越西方现代性局限的新选择。中国生态文明建设倡导的人类命运共同体理念为全球生态环境治理合作提供了新价值取向。

一 中国成为全球生态环境治理不可或缺的力量

从全球视野来看，中国生态文明建设本身就是一项世界工程，从一开始就有超越中国自身的世界意义。改革开放以来，中国建成了完整齐备的工业体系，成长为世界制造业大国、世界第二大经济体，也成为世界能源消耗总量、二氧化碳排放总量最大的国家。中国生态文明建设的推进对维护全球生态安全至关重要。在三北防护林工程、退耕还林还草工程、天然林资源保护工程等重点工程的持续推进下，中国的森林生态服务功能得到大幅提升，森林碳汇、固土、滞尘、保肥、水源涵养、大气污染物吸收能力持续增强，为减缓全球气候变化、全球生态系统退化作出了切切实实的贡献。根据世界银行和联合国粮农组织数据，1990~2016年，在全世界森林覆盖率由31.80%下降至30.83%、森林消失总面积达到132万平方千米的背景下，中国森林覆盖率由16.74%上升至22.19%，森林面积净增长52万平方千米，森林总蓄积量从97.89亿立方米增加到160.02亿立方米，增长率达到63.47%。近十年来中国森林面积年均增加量稳居全球第一，远超其他国家。2010~2016年，中国陆地生态系统共吸收了全球同期人为碳排放的45%，年均吸收量11.1亿吨，全球贡献卓越。

二 中国深化了全球可持续发展的理论与实践

中国的生态文明建设是可持续发展理念的真正落地。长期以来，各国在探寻可持续发展道路过程中，受到经济发展与生态环境保护之间张力的约束，普遍认为加强生态环境保护会影响经济发展、削弱国际竞争力，尚未摆脱轻生态环境保护、重经济发展的思维惯性和实践模式。以习近平总书记提出的"绿水青山就是金山银山"为核心思想的中国生态文明理念，站在人类历史发展的维度，以辩证、系统的方法论为指导，结合自身的实践探索，剖析经济发展与生态环境保护的辩证统一关系。在承认两者存在对立冲突关系的同时，更强调两者的和谐兼容，通过梳理局部利益和整体利益、短期利益和长期利益，确立了解决两者关系的根本原则："经济发展不能以破坏生态为代价，生态本身就是经济，保护生态就是发展生产力。"为可持续发展明确了生态优先、保护自然的前提，并指明经济发展和环境保护的协同优化方向：在发展中保护，在保护中发展，通过转变发展理念，将绿水青山转化为金山银山。在实践中，中国创造性地将生态保护与脱贫攻坚有机结合起来，创新生态治理、生态扶贫模式，通过生态补偿扶贫、国土绿化扶贫、生态产业扶贫、定点帮扶等方式，实现 2000 万贫困人口脱贫增收，为可持续发展提供了成功范本。

三　中国为发展中国家提供新型现代化道路借鉴

中国生态文明建设探索的人与自然和谐共生的现代化道路，为发展中国家的现代化提供了新选择。西方国家开启和主导的现代化运动，本质上是资本的现代化，以经济增长为中心，以 GDP 为表征，以资本的逻辑为驱动。全球性生态危机的产生，与上述西方现代性中无法克服的缺陷密切相关。此外，西方国家基本上是在完成经典现代化后才遭遇生态危机，利用其在全球产业链中占据主导地位的优势，进行了生态赤字、环境污染的转移，造成生态危机的全球化。对于同时面临经典现代化任务和生态危机的发展中国家而言，西方现代化道路既难以复制，又充满了破坏生态环境的陷阱。与西方现代化不同，中国的生态文明实践是一种新型现代化的生动体现。其在原则高度上，以社会主义公有制为基础，以人民为中心，以人和自然的和谐共生为核心理念，在创造更多物质财富和精神财富以满足人民群众日益增长的美好生活需要的同时，提供更多优质的生态产品以满足人民群众日益增长的良好生态环境需要。中国通过生态文明建设，探索了后发国家的现代化进程与生态环境保护之间的相互关系，为其他国家应对类似的经济、环境和社会挑战提供了经验借鉴。

四　中国为全球社会应对生态危机提供价值引领

中国的生态文明建设倡导的人类命运共同体理念，为全球生态环境合作治理提供了价值引领。当前，全球生态环境合作治理乏力，面临全球利益意识缺失、生态责任意识不强的理念困境。国际比较显示，生态和环境领域表现退步的国家占比较高，表明生态环境危机挑战的应对在全球范围的不分疆域，同时，全球生态环境局部治理现状堪忧。虽然一些国家局部生态状况、环境质量在改善和好转，但分散的、个别的、碎片化的治理方式难以为全球生态系统的整体优化提供坚实基础、难阻整体恶化的趋势。全球合作共治需以理念先行，为制度设计提供价值观支撑。人类命运共同体理念的精神实质是在国际关系层面坚持合作共赢、公平正义、民主和平，目标直指"建设持久和平、普遍安全、共同繁荣、开放包容、清洁美丽的世界"。在生态环境合作治理上，人类命运共同体理念强调全球整体性思维，要求打破民族或国家区域边界，从生态系统的不可分割性出发，强调从人类文明发展延续的高度，相互尊重，形成共识与合力。

第二节　中国生态文明建设的比较优势

生态文明建设是我国在协调人与自然关系的进程中，逐步深化最终形成的具有中国特色的概念话语和实践进路。党的十八大以来，中国的生态文明建设进入推进最快的时期，也进入了认识更为深入、措施更为全面的时期。总体来看，中国生态文明建设进展成就的获得，源于中国特色社会主义的制度优势，中国共产党领导的政治优势，习近平生态文明思想的理论优势，传承创新、兼收并蓄的文化优势，以人民为中心的价值立场优势。

一　中国特色社会主义制度是中国生态文明建设的制度优势

"制度优势是一个国家的最大优势。"[①] 首先，社会主义制度是中国生态文明建设的根本优势，为彻底抛弃私有制，消除人的异化与自然的异

---

① 习近平：《习近平谈治国理政》（第3卷），外文出版社，2020，第89页。

化，实现人与自然、人与人之间矛盾的和解提供根本制度保障。其次，中国特色社会主义制度是助推生态文明建设的先进制度。党的十九届四中全会指出，中国的国家制度和国家治理体系有多方面优势，包括党的集中统一领导、人民当家作主、全面依法治国、集中力量办大事、社会主义基本经济制度、以人民为中心、独立自主与对外开放相统一等①。这些特色优势在生态文明建设进程中发挥着极其重要的作用，为中华民族永续发展的千年大计提供了基本保证和力量源泉。此外，中国特色社会主义的生态文明制度是在实践中不断发展创新的有机体系，具有整体性、长效性优势。十九届四中全会将生态文明制度明确为中国特色社会主义制度的重要部分，要求从生态环境保护制度、资源高效利用制度、生态保护和修复制度三个方面坚持和完善生态文明制度体系，强化对人类社会与自然界互利共赢发展规律的把握与反思。

二　中国共产党的领导是中国生态文明建设的政治优势

中国共产党富有凝聚力、执行力、纠错力，是具有长远战略眼光的无产阶级政党，是为人民谋幸福、为中华民族复兴肩重任的政党，是为人类进步事业而奋斗的政党。习近平总书记明确指出，"中国特色社会主义最本质的特征是中国共产党领导，中国特色社会主义制度的最大优势是中国共产党领导"②。面对生态破坏、环境污染、资源浪费等发展过程中出现的问题，中国共产党将生态文明建设上升为国家意志，给予极大重视。党的十七大报告明确提出生态文明建设思想，党的十八大报告将生态文明建设纳入"五位一体"总体布局，党的十九大报告确立了美丽中国的"三步走"中长期规划，党的二十大报告指明了中国式现代化的发展道路是人与自然和谐共生的现代化发展道路。中国共产党把"中国共产党领导人民建设社会主义生态文明"写入党章，是世界首个将生态文明建设纳入行动纲

---

① 《中共中央关于坚持和完善中国特色社会主义制度　推进国家治理体系和治理能力现代化若干重大问题的决定》，人民出版社，2019，第 3~4 页。

② 习近平：《决胜全面建成小康社会　夺取新时代中国特色社会主义伟大胜利——在中国共产党第十九次全国代表大会上的报告》（2017 年 10 月 18 日），人民出版社，2017，第 20 页。

领的执政党。

三 习近平生态文明思想是中国生态文明建设的理论优势

习近平生态文明思想是新时代中国特色社会主义的绿色政纲，是中国生态文明建设理念经过实践检验的升华。习近平生态文明思想有丰富的内涵，以环境正义为根本价值追求，以环境民生为价值归宿和目的，确立了马克思主义生态生产力观和社会主义生态治理观①；围绕"为什么建设生态文明、建设什么样的生态文明、怎样建设生态文明"的重大理论和实践问题，提出新时代生态文明建设的六项原则：坚持人与自然和谐共生，绿水青山就是金山银山，良好生态环境是最普惠的民生福祉，山水林田湖草是生命共同体，用最严格制度最严密法治保护生态环境，共谋全球生态文明建设②。"生命共同体"理念从人与自然关系的角度，为人类命运共同体确立了人与自然和谐共生的最大目标。"共谋全球生态文明建设"，把对生态文明建设的理解从国家治理层面提升至全球治理维度。

四 传承创新、兼收并蓄是中国生态文明建设的文化优势

中国生态文明建设拥有丰厚的思想文化资源，中国生态文明的理论和实践是对古今中外人类生态文化优秀成果的继承、发展和创新。中国生态文明理念继承了马克思主义生态思想，将自然的先在性、人与自然的辩证统一、自然生产力是社会生产力的基础、通过变革社会制度从根本上解决生态危机等重要观点作为建设中国特色生态文明的理论基础。中国的生态文明理论还从源远流长的中华文明中，汲取了许多宝贵的传统生态智慧。"天人合一"的生态整体观、"仁民爱物"的生态伦理观、"知足常乐"的生态消费观、"取用有节"的生态发展观等，正在生态文明建设实践中发挥现代价值。中国生态文明建设理论从西方生态学马克思主义、西方环境保护运动的理论批判中获得启迪，在西方环境哲学探讨的环境正义问题、自然

---

① 王雨辰：《论习近平生态文明思想的理论特质及其当代价值》，《福建师范大学学报》（哲学社会科学版）2019 年第 6 期，第 10～18、167 页。

② 习近平：《推动我国生态文明建设迈上新台阶》，《求是》2019 年第 3 期，第 4～19 页。

的价值论问题上受到启发，又超越了这些思想的局限性，立足自身国情，将理论与实践相结合，从环境保护的基本国策思想，到可持续发展战略思想，从"两型社会"建设思想，到新时代习近平生态文明思想，实现了生态文明建设理念的不断创新发展；从初步构建环境保护制度体系框架，到可持续发展战略的"三个结合"，到探索"两型社会"多元治理体系，再到生态文明体制改革的顶层设计，推动了生态文明治理实践的不断成熟①。

五　以人民为中心是中国生态文明建设的价值立场优势

中国生态文明建设的价值归宿和目的，是以人民为中心，"坚持人民主体地位，顺应人民群众对美好生活的向往，不断实现好、维护好、发展好最广大人民根本利益，做到发展为了人民、发展依靠人民、发展成果由人民共享"②。生态文明建设的提出和不断深化，就是为解决之前经济社会快速发展过程中粗放发展方式等导致的影响人民群众生产生活的生态环境问题，是对广大人民群众扭转环境恶化、提高环境质量热切期盼的积极回应。进入新时代，社会主要矛盾已经发生变化，从盼温饱到盼环保，从求生存到求生态，满足人民群众的美好生态环境诉求成为生态文明建设的头等大事，人民群众是否满意成为衡量生态文明建设成败的首要标准，通过生态文明建设切实改善民生成为中国共产党为人民服务的新内容。人民群众不仅是生态文明建设的监督者、见证者、受益者，更是生态文明建设的主体力量，源源不断为生态文明建设贡献智慧和力量。

第三节　中国生态文明建设的战略目标

中国的生态文明建设已经进入新阶段。党的二十大报告明确提出，未来五年的主要目标任务是城乡人居环境明显改善，美丽中国建设成效显著；到 2035 年，广泛形成绿色生产生活方式，碳排放达峰后稳中有降，生

---

① 李娟：《中国生态文明制度建设 40 年的回顾与思考》，《中国高校社会科学》2019 年第 2 期，第 33 ~ 42、158 页。

② 习近平：《习近平谈治国理政》（第 2 卷），外文出版社，2017，第 214 页。

态环境根本好转，美丽中国目标基本实现；到 21 世纪中叶，把中国建设成为富强民主文明和谐美丽的社会主义现代化强国。拆解上述发展目标，可以得到三个阶段的生态文明建设目标。第一个阶段目标是接近世界平均水平，第二个阶段目标是达到世界中上游水平，第三个阶段目标是达到世界上游水平。就建设类型的发展目标来看，中国应实现全面协调发展，补齐环境质量和协调程度的短板，在水平类型上转变为相对均衡型，在综合类型上先从追赶型转变为中间型，最后实现从中间型到领跑型的飞跃。就具体建设领域来看，环境污染治理尤其是空气污染治理、土壤污染防治在长时段内会一直作为建设重点。

一　中国生态文明建设的阶段目标

中国生态文明建设任务首先是自我超越，其次是赶超先进水平[①]。从生态文明建设量化结果来看，可以将各国生态文明建设水平划分为四个层次，即上游水平、中上游水平、中下游水平和下游水平[②]（见表 5 - 1）。晋升上游水平是中国生态文明建设的总目标。这个总目标又可以分解为从相对较低层次上升为相对较高层次，最后达到先进水平的不同阶段。

根据世界范围内生态文明建设水平与经济发展水平大体呼应的特征，中国生态文明建设水平的提升战略，应与经济建设战略部署相对应。根据党的十三大提出的三步走战略构想，中国在 21 世纪中叶经济发展水平应达到中等发达国家水平。党的十八大也重申了"两个一百年"奋斗目标，2020 年全面建成小康社会，2049 年建成社会主义现代化国家。党的二十大报告指明，未来五年经济高质量发展取得新突破，科技自强自立能力显著提升，构建新发展格局和建设现代化经济体系取得重大进展；2035 年经济实力、科技实力、综合国力大幅跃升，人均国内生产总值达到中等发达国家水平；21 世纪中叶建成社会主义现代化强国。与此对应，中国的生态文

---

① 樊阳程、严耕、吴明红、陈佳：《国际视野下我国生态文明的建设现状与任务》，《中国工程科学》2017 年第 4 期，第 6～12 页。

② 生态文明建设水平的层次以平均值和标准差为划分依据。上游水平得分大于等于平均值 + 一个标准差。中上游水平得分介于平均值 + 一个标准差和平均值之间。中下游水平得分小于平均值，大于等于平均值 - 一个标准差。下游水平得分小于平均值 - 一个标准差。

明建设在 2020 年应达到世界中下游水平，即得分应超过中等水平的下限；至 2027 年左右应达到世界平均水平，2035 年应该达到中上游水平，21 世纪中叶应达到上游水平。至 21 世纪末，中国生态文明建设水平应该跻身世界前列。

根据比较结果，2020 年中国达到中下游水平的任务已经提前完成，生态文明建设的任务起点已经提升。量化评价显示，中国在 2012 年和 2013 年生态文明建设水平处于下游水平。2012 年，中国的生态文明建设水平指数在 109 国中处于第 108 位[①]；2013 年中国的生态文明建设水平指数在 111 个样本国家中排在第 109 位[②]。中国的生态文明建设水平指数在 2017 年 117 个国家中排名第 95 位，属于中下游水平，已经完成了从下游水平到中游水平的跃升。

至 21 世纪中叶，中国具备从中下游水平提升到上游水平的扎实基础和现实可能性。以 1990～2017 年的年均发展速度（情境 1）进行估算，中国在 2035 年左右可以实现进入世界中上游水平行列目标（见表 5 - 1）。2010～2017 年，中国的生态文明建设年均速度达到 1990 年以来的较高水平，以此时期的年均发展速度来估算（情境 2），中国在 2027～2035 年即可实现生态文明建设水平进入世界中上游水平的行列目标，并早于 2049 年进入上游水平行列。但以 21 个发达国家 1990～2017 年的年均增长率来估算（情境 3），则至 21 世纪中叶中国建设水平仅进入中上游水平。

表 5 - 1　2027～2049 年中国生态文明建设水平指数估算

单位：%，分

	增长率	2017 年	2027 年	2035 年	2049 年
中国（情境 1）	1.97	52.8	64.17	75.01	98.57
中国（情境 2）	2.44	52.8	67.19	81.49	114.20
中国（情境 3）	1.17	52.8	59.31	65.10	76.61
中国（第一阶段）	2.84	52.8	69.86	—	—
中国（第二阶段）	0.75	52.8	69.86	74.12	—

---

① 严耕等：《中国省域生态文明建设评价报告（ECI 2014）》，社会科学文献出版社，2014。

② 严耕等：《中国省域生态文明建设评价报告（ECI 2015）》，社会科学文献出版社，2015。

	增长率	2017 年	2027 年	2035 年	2049 年
中国（第三阶段）	2.68	52.8	69.86	74.12	107.40
世界平均水平	0.75	64.79	69.82	74.12	82.29
发达国家水平	1.17	82.16	92.29	101.30	119.21
上游水平下限	—	73.94	83.07	91.17	107.29
中上游水平下限	—	64.79	69.82	74.12	82.29

注：情境 1 基于 1990～2017 年年均增长率计算。情境 2 基于 2010～2017 年中国的年均增长率计算。情境 3 基于 21 个发达国家年均增长率计算。发达国家的增长率为 1990～2017 年的年均增长率。中上游水平的下限取世界平均水平值。上游水平下限取 21 个发达国家平均值的 90%。

上述估算是在假设发展速度不变的情况下进行的，就中国生态文明建设第一阶段目标的实现来看，生态文明建设水平指数得分保持高于 2.84% 的年均增长率，才能在 2027 年赶上世界平均水平。而在第二阶段则仅保持 0.75% 的年均增长率即可在 2035 年仍保持世界中上游水平。而 2035 年至 2049 年，年均增长率需要保持在 2.68% 才能进入上游水平行列。所以，正如习近平总书记在 2023 年 7 月 17～18 日召开的全国生态环境保护大会上指出的，加快推进人与自然和谐共生的现代化，未来五年是美丽中国建设的重要时期。

二 中国生态文明建设的类型目标

从建设类型来看，中国生态文明建设的目标是完成从追赶型向中间型转变，进而提升为领跑型。

中国生态文明建设的显著特点是提升速度快，但水平相对较低，且发展不均衡，在综合类型上属于追赶型。结合阶段目标来看，至 2035 年左右，当中国生态文明建设达到世界中上游水平时，建设综合类型相应转变为建设水平适中的中间型；至 21 世纪中叶，当中国的生态文明建设进入上游水平行列，如果仍能保持较高的发展速度，建设综合类型将转变为领跑型，引领世界生态文明建设发展。

生态文明建设推进人与自然和谐共赢关系的实现，建立在全面协调发展基础上。与一些中东、北欧或非洲国家相比，中国有相对宽广的陆域和海域，相对温和的气候，自然地理条件较好，生物多样性丰富，具备生态文明建设全面协调发展的良好基础。现阶段，中国在生态文明建设水平类型上，生态活力领域优势的相对突出也源于此。但中国应走向全面协调发展的生态文明，在环境质量领域和协调程度领域加强建设，在社会发展领域继续保持良好的发展势头。

生态文明建设是一个动态过程。生态文明建设的推进，是水平不断提升的过程。在中国生态文明推进过程中，假定其他国家生态文明建设也同步推进，那么中国仍是需要不断追赶更高水平的过程。可以基于1990~2017年的年均增长率，设定2049年发达国家平均水平的90%为上游水平的下限（见表5-1），就可以将上游水平下限设为中国生态文明四个主要领域建设的2049年目标值，估算中国在相关领域所需的建设进展速度。测算显示，四个主要建设领域中，中国环境质量提升所需年均进步率最大，其次是协调程度和社会发展，最后是生态活力（见表5-2）。从1990~2017年及2010~2017年两个时段来看，中国之前协调程度和社会发展领域的年均进步率均大大高于达标所需年均进步率，实现上游水平的赶超相对轻松。生态活力则有所退步，整体上看，建设速度需提升的幅度反而是最大的。环境质量建设年均进步率在2010年后优于生态质量，速度提升幅度反而小于生态活力领域。

故而，从国际比较来看，中国生态文明建设的重点战略领域依次为生态活力、环境质量、协调程度和社会发展。

表5-2　生态文明建设主要领域进步率估算

	2017年（分）	2049年目标值（分）	达标所需年均进步率（%）	1990~2017年年均进步率（%）	2010~2017年年均进步率（%）
生态活力	72.33	136.40	2.07	0.39	-0.15
环境质量	36.01	86.06	2.85	-0.52	1.65
社会发展	56.23	110.96	2.22	4.64	4.94
协调程度	45.56	97.86	2.50	3.87	4.43

三　中国生态文明建设具体领域目标

在三级指标对应的具体建设领域中，也可以通过设置2049年的目标值，以倒推方式，辨析建设重点任务领域和建设难点。根据 2017 年发达国家各项三级指标的平均值，基于 1990～2017 年的年均进步率进行计算，可获得 2049 年发达国家建设的平均水平。以其中正指标数值的 90% 和逆指标除以 90% 获得的数值，作为上游水平的下限，并将其设为 2049 年中国生态文明建设三级指标领域目标值的参考值①。可以看到，中国除 2015 年的草原覆盖率面积比例已经超过目标值水平外，其他建设领域还存在不同程度的差距，需要加大建设力度，不断推进（见表 5－3）。

表 5－3　中国生态文明建设具体指标进步率估算

	起点年份值	2049 年目标值	达标所需年均进步率（%）	1990～2017 年年均进步率（%）	2010～2017 年年均进步率（%）
1. 2015 年森林覆盖率（%）	22. 19	35. 58	1. 40	1. 13	0. 76
2. 2015 年森林单位面积蓄积量（立方米/公顷）	77	352. 80	4. 58	－ 0. 88	1. 64
3. 2015 年草原覆盖率（%）	31. 6	23. 10	－	0. 02	0. 07
4. 2017 年自然保护区面积比例（%）	14. 59	36. 00	2. 69	0. 66	－ 2. 23
5. 2016 年 PM2. 5 年均浓度（微克/立方米）	56. 33	10. 00	5. 22	－ 0. 58	0. 54
6. 2015 年安全管理卫生设施普及率（%）	59. 69	90. 00	1. 22	2. 92	5. 06
7. 2015 年化肥施用强度（千克/公顷）	506. 11	225. 00	2. 41	－ 1. 12	0. 36
8. 2016 年农药施用强度（千克/公顷）	14. 83	5. 43	3. 00	－ 3. 26	1. 76

---

① 森林单位面积蓄积量 2049 年的目标值为 2015 年样本国家最高水平的 90%。自然保护区面积比例目标值参考了 2019 年中共中央办公厅、国务院办公厅印发的《关于建立以国家公园为主体的自然保护地体系的指导意见》。该意见指出，2035 我国自然保护区面积比例应达到 18% 以上，以此为参考，2049 年的目标值翻一番，为 36%。PM2. 5 年均浓度以世界卫生组织空气质量准则值为依据。安全管理卫生设施普及率最高为 100%，故目标值为 90%。化肥施用强度以 225 千克/公顷安全施用值为目标值。高等教育入学率以 75% 为目标值，参考国际公认观点，即高等教育毛入学率在 15% 以下时属于精英教育阶段，15%～50% 为高等教育大众化阶段，50% 以上为高等教育普及化阶段。

	起点年份值	2049 年目标值	达标所需年均进步率（%）	1990～2017 年年均进步率（%）	2010～2017 年年均进步率（%）
9. 2017 年人均 GNI（2010年不变价美元）	7310.28	69900.72	6.87	6.88	7.04
10. 2017 年服务业附加值占 GDP 比例（%）	51.63	66.88	0.76	1.74	2.29
11. 2017 年城镇化率（%）	57.9	82.13	1.03	2.95	2.35
12. 2016 年高等教育入学率（%）	48.44	75.00	1.29	10.84	12.38
13. 2017 年出生时的预期寿命（岁）	76.25	80.36	0.15	0.36	0.19
14. 2014 年单位 GDP 能耗（不变价 GDP/千克）	175.31	69.09	2.78	4.13	1.59
15. 2014 年化石能源消费比例（%）	87.48	69.54	0.68	-0.55	0.08
16. 2015 年单位 GDP 水资源效率（千克/2010 年不变价美元 GDP）	14.99	768.26	12.28	8.49	13.26
17. 2014 年淡水抽取比例（%）	21.32	15.23	0.99	-0.7	-0.69
18. 2014 年单位 GDP 二氧化碳排放量（千克/不变价美元 GDP）	0.59	0.11	5.01	3.4	3.89

注：PM2.5 年均浓度、化肥施用强度、农药施用强度、单位 GDP 能耗、化石能源消费比例、淡水抽取比例、单位 GDP 二氧化碳排放量 7 个指标为逆指标，进步率为基准值与目标值相比较，年均应减少的百分比，即下降率。

从生态文明建设的四个主要领域来看，生态活力、环境质量和协调程度的建设任务都较重。在生态活力领域，森林单位蓄积量的提升任务最重。从森林生态系统整体来看，一方面，森林面积有待继续增加，造林成活率有待进一步提升；另一方面，森林质量应进一步提高，强化森林资源的丰富程度。生物多样性保护方面，自然保护区范围应避免频繁调整，在建设国家公园系统和自然保护地系统过程中理顺各类关系，提升自然保护区的实际功效。此外，草原覆盖率虽然数值已经超过发达国家平均水平，但草原退化形势仍不容小觑，在草原植被保护、生物多样性保护、防治草原灾害等方面仍不能放松。

在环境质量领域，空气污染治理和土壤污染治理是重中之重。2010～2016年，中国在环境治理领域取得了巨大进步，空气和土壤的污染治理成效初步显现，化肥和农药施用总量开始下降。城市地表水污染治理在全国全面铺开，清洁流域工程深入乡村。整体形势向好，但蓝天、碧水和净土攻坚战仍不可松懈。

社会发展领域形势相对较好。虽然人均 GNI 目标值较高，但以经济的高质量发展速率来看，目标的实现是切实可行的。不管是服务业发展，还是城镇化发展，抑或是高等教育发展、人均预期寿命增长，1990～2017年和2010～2017年的年均进步率都高于达标所需的进步率。保持稳定进步态势就能顺利实现相关领域的建设目标。

在协调程度领域，效率提升是最为艰巨的任务。单位 GDP 二氧化碳排放量下降的步伐需要加快，单位 GDP 能耗的提升也是如此，而水资源利用效率需要大幅提升。能源消费结构仍待进一步优化调整，淡水资源抽取量仍需控制。

从单个指标对应的建设领域来看，中国生态文明建设目标任务的难点首先是水资源利用效率的提升，其次是空气污染治理成效的提升，再次是土壤污染治理，最后是森林生态系统建设。单位 GDP 水资源效率年均进步率需要达到 12.28%，PM2.5 年均浓度下降率必须达到 5.22% 才能实现2049年目标值。农药施用强度和化肥施用强度分别需要达到年均 3.00% 和2.41% 的下降率才能实现目标值。森林单位面积蓄积量和森林覆盖率的提升则必须达到 4.58% 和 1.40% 的年均进步率。

第四节 中国生态文明建设的政策建议

国际比较表明，中国生态文明建设方向是正确的，行动是有效的。党的十八大以来，生态文明已经纳入国家发展全局的重要战略位置，生态文明建设快速推进。中央印发《关于加快推进生态文明建设的意见》，出台《生态文明建设体制改革总体方案》，完善了生态文明建设的顶层设计。新环保法实施，大气、水、土壤污染防治三大行动计划陆续出台，《环境影响评价法》修改通过，健全了生态环保法制。生态环保监管监察力度不断提升，《生态文明建设目标考核办法》出台，构筑了监督、奖惩体系。进一步推进生态文明建设，应避免理念误区，牢牢把握正确方向。基于国际比较，课题组提出如下建议以供参考。

一 应避免的理念误区

国际比较显示，生态文明建设是一个复杂的系统工程，呈现多种特点和面向，需要非常谨慎和小心地对待相关评价结果，在政策借鉴方面更应避免如下一些误区。

理念误区一：生态文明建设水平会随着经济水平的提升而自动提升。国际比较显示，经济发展水平较高的国家，尤其是发达国家生态文明大多占据优势地位。这容易导致一种误解，认为生态文明水平的提升是经济水平提升的副产品，进而为唯 GDP 论找到不合理的注脚，或是为生态文明建设的懒政找到不恰当的理由。需要注意的是，经济水平高低不等同于生态文明水平高低，一些高收入国家生态文明建设短板明显，整体水平相对较低是事实。此外，现阶段发达国家生态文明达到相对较高的水平，发展相对均衡，是经历了先污染后治理的过程，并且基于先发优势，转移了环境污染和资源消耗的成本。中国不应重复发达国家的老路。在不平衡不充分的发展条件下，应注重避免污染破坏在国内不同地区转移。

理念误区二：生态文明水平提升与经济社会发展相互对立。生态文明建设的国际比较也显示，随着经济社会发展水平提升，一些国家的生态文明反而落后，尤其是在环境质量、协调程度等领域，空气、土壤污染程度加剧，能源消耗强度增加，得分不升反降。这容易导致将经济发展与生态文明建设对立起来，难以平衡经济发展与生态文明建设的关系。实际上，生态文明建设作为一个动态过程，各国和地区并非共处于一个起跑线上，建设进展有非线性特点，相同水平的得分，反映的可能是不同的生态文明建设阶段状况。环境库兹涅茨曲线（EKC）就假定环境压力与人均 GDP 的增长呈现倒 U 形曲线关系。经济社会发展过程中生态环境压力的增大，是阶段性过程，冲突对立并不是全貌。

理念误区三：生态活力强就是生态文明水平高。国际比较评价结果显示，一些国家凭借良好的生态基础，生态文明建设水平得分相对较高。这与一些人认为生态文明的最终目标在于生态系统的完整和稳定、生态文明的落脚点在生态的想法有共鸣。从这种逻辑出发，人居环境的建立、资源的开发利用本质上都是对生态系统完整性和稳定性的破坏。更有甚者提出，生态文明的实现要以人的生存方式"回归"刀耕火种时代为前提。这种生态文明图景显然对绝大多数人完全没有吸引力，因为它忽略了生态系统中的人，否定了人的利益。"被抽象地理解的，自为的，被确定为与人分隔开来的自然界，对人来说也是无。"① 生态文明是属人的文明，在遵循生态发展规律的同时也遵循人类社会发展的规律，也满足人的合理需求。"在脆弱的环境之上很难建立起健康的文化。自然和文化的命运是交织在一起的。"② 人的文化生存特点，使得生态的环境属性和资源属性对人有特别的意义，决定了生态文明是生态与文明并重，是在继承人类文明发展成果的基础上对人与自然和谐共赢的追寻。

理念误区四：抓环境质量就是生态文明建设。国际比较表明，发达国家在环境质量建设领域的成效明显。这种情况容易产生误导，认为环境保护等同于生态文明建设。环境污染防治、环境质量提升是生态文明建设的重点，但绝不能取代生态文明建设的其他方面。就生态与环境而言，人类及其活动是生态系统的一部分，而人的生存环境只是生态系统中与人的生存直接相关的那一部分。生态是自组织系统，是一个有机整体；而环境则是围绕人、与人相关诸要素的整个生态系统的片段和部分，它本身各要素间不具备自组织关系。将环境保护与生态文明建设等同，会导致将环境与生态割裂的错误。例如，很多地方将加强绿化作为人居环境改善的重要途径，甚至认为绿化好就是环保好。但有时候绿化没有从生态系统的整体性出发，大量种植并不适应本地生态条件的单一树种或草种，不仅打破了生

---

① 马克思、恩格斯：《马克思恩格斯文集》第 1 卷，人民出版社，2009，第 220 页。
② 霍尔姆斯·罗尔斯顿：《环境伦理学——大自然的价值以及人对大自然的义务》，中国社会科学出版社，2000，第 6 页。

物多样性，也无端增加了环保成本，需要花费大量人力物力去维护这些难以成活的绿化物。还有一些城市为营造绿化景观，将山中老树、大树运到城中，破坏了这些树木参与形成的小生态系统，移植的成活率也堪忧。这些做法无异于缘木求鱼、舍本逐末，无法摆脱局部好转、整体恶化的怪圈。

二　把握好两个面向和两个坚持

未来一个时期，是中国生态文明建设攻坚克难的关键时期，同时也是中国整体发展的重要战略机遇期。随着生态文明建设力度不断加大，抓绿色发展的机遇，推动经济社会可持续发展已成为中国的必由之路。要利用好这个机遇，乘势而上，实现美丽中国梦，应注意把握好两个面向和两个坚持。

1. 着眼当下，面向未来

生态文明是人类文明发展模式的转型，不是一蹴而就的过程。在传统工业发展模式下，严重的生态退化、环境污染、资源浪费等现象在中国已经出现，短期内难以彻底逆转。在经济社会发展进程中，新的破坏、污染和损耗仍会产生。这意味着，在实现生态文明较高目标过程中，中国既需要治理历史遗留问题，又需要应对和消除转型过程中不断产生的新问题，面临双重挑战。例如，随着中国经济体量上升至世界第二位，中国的能源消耗总量、污染排放总量也不断攀升。作为中华民族永续发展的千年大计，生态文明建设特别需要从宏观角度整体把握，形成中长期科学发展规划。习近平总书记在 2018 年 5 月全国生态环境保护大会上提出了生态文明建设的时间表。第一步是在 2035 年实现生态环境质量根本好转，基本实现美丽中国；第二步是全面提升生态文明，全面形成绿色发展方式和生活方式，全面建成美丽中国①。这份时间表已经提出了生态文明的宏观战略，但仍需要细化明确其具体目标，如明确生态环境根本好转的标准，全面形成绿色发展方式和生活方式的标准，需要将近期、中期和长期目标连贯起来，形成

---

① 习近平：《推动我国生态文明建设迈上新台阶》，《求是》2019 年第 3 期。

整体发展规划，既解决当前紧迫的生态环境问题，又有切实可行的生态文明建设推进目标。

2. 立足国情，面向世界

中国生态文明建设的展开与发达国家的背景不尽相同。发达国家基于现代化基本完成的优势，走的是先污染后治理、从治理走向转型的道路。对于中国而言，现代化进程与生态文明建设并行，不具备直接全面转型的条件，不能直接照搬发达国家当前的绿色发展道路，但也不能重复发达国家的老路。而是要选择基于自身国情，兼顾生态文明建设的社会效益尺度和生态效益尺度，在提升生产水平、提高生活水平的同时，增强生态系统活力，促进生产、生活和生态的"三生"协调发展道路。与此同时，作为负责任的发展中国家，中国积极参与全球环境治理，率先发布实现2030年可持续发展目标的国别计划，以生态文明建设推动人类命运共同体的构建，为全球生态系统改善作出了卓越贡献。但在政策层面，还应有意识地与国际对接，将生态文明建设作为发展中国家可持续发展经验探索的平台，充分利用"上合组织""一带一路"等合作机制，展开多方合作和交流。此外，还应增强中国生态文明建设的国际话语权，打破西方国家的话语权垄断，突破资本逻辑在全球绿色发展方案中的主导地位，打造全球生态文明观，为人类生态危机找到根本解决途径。

3. 坚持以绿色经济发展为基本路径

联合国将绿色经济界定为"可促成提高人类福祉和社会公平，同时显著降低环境风险与生态稀缺的"经济模式①。在生产领域，绿色经济要求改变以往工业经济中"资源→产品→废弃物"的线性模式，实现"资源→产品→再生资源"的循环经济模式。在生活领域，绿色经济要求消费模式实现生态转型，倡导健康、合理、节约的绿色消费行为和生活方式。从宏观层面来看，绿色经济在社会经济发展结构上要求降低物质消耗多、资源效率低、污染排放多的经济部门比重，要求经济发展以生态、环境、资源为先决条件和基础要素，以生态优先、环境友好理念贯穿经济活动全过

---

① 联合国环境署：《迈向绿色经济：通往可持续发展和消除贫困的各种途径——面向决策者的综合报告》，www. unep. org/greeneconomy，（2011－11－16），1－2。

程，实现经济制度生态化。当前，针对产业结构不合理、产能过剩、资源需求增加、城镇化进程加快、消费增长等绿色经济发展面临的挑战，我国已从顶层设计上将相关指标纳入国民经济发展规划纲要，并发布国家层面的绿色发展指标体系，利用各种政策措施促进经济的绿色转型发展。在推动以市场为导向的绿色科技创新体系发展方面，在统筹各地区、各行业积极展开绿色新兴战略产业方面，在完善法律保障体系、激励机制等方面仍大有可为。

4. 坚持多方参与的建设机制

生态文明建设是全社会的事业，多方参与是完善国家生态文明建设治理体系的必然要求。中国正搭建以政府为主导，以企业为主体，社会组织与公众参与的生态文明建设治理体系。从政府层面来看，应避免治理碎片化、区域合作不足、执行效率不高等问题。在地方，应以绿色城镇化、绿色乡村建设为契机，探索多方合作机制。从企业层面看，在鼓励其推进技术创新、提供优质生态环保产品和技术、壮大绿色产业、承担社会责任的同时，也要考虑企业的成本收益，使得企业绿色发展具有可持续性。社会组织既是环境管理的重要参与者，也是环境监管的重要力量，需要通过制度保障其参与环境决策、监督的权利，并通过政企信息公开提供监管的现实途径。从公众角度来看，公民生态文明意识能否提高，是决定生态文明建设成功与否的关键。生态文明作为新兴的文明形态，必然是属人的文明，文明延续的绿色发展走向必然依赖于人意识的转变，并最终落实为行为的转变。一方面，应将生态文明教育纳入学校教育全过程；另一方面，应在全社会范围内大力普及生态、环境知识，并通过法律法规等实施行为约束，引导意识转变。

三　充分发挥中国生态文明建设的世界价值

当前国际形势复杂多变，面临百年未有之大变局，全球化趋势遭到单边主义、保护主义的逆流挑战，全球经济发展受到新冠疫情蔓延的冲击，中国生态文明建设成效的巩固、对全球生态文明建设作用的发挥也需要因时而变，不断探索新的发展路径。中国的生态文明建设推进离不开国际合作，世界生态文明建设也不能缺少中国。中国要进一步巩固建设成果，可通过如下渠道充分发挥中国生态文明建设的世界价值。

1. 加强区域合作共建

区域生态环境治理合作共建是构建人类命运共同体的基本路径。全球生态文明建设不是一蹴而就的过程，全球生态环境治理良性格局的形成也非一朝一夕之功。从区域合作入手，形成区域利益共识，构建区域共同体，并逐步升级为更广范围的共同体，是为构建全球生态环境治理共同体而展开的必要先行探索。中国已开启与周边国家、其他发展中国家在生态环境治理领域的互利共赢模式探索。2019 年，"一带一路"绿色发展国际联盟正式成立，以加强生态环境、生物多样性保护和应对气候变化合作为主要任务，以绿色基础设施建设、绿色金融与投资、环境法律和法规为合作交流的主要内容，吸纳了来自 40 多个国家的 150 多个合作伙伴。在中国经济发展内循环与沿线国家越发紧密融合的背景下，"一带一路"绿色发展国际联盟是提升中国内循环质量、构建国内国际双循环格局的重要途径，同时也是有效带动其他国家形成新发展格局的可行途径，还是中国分享创新、协调、绿色、开放、共享发展理念和实践经验的有效途径。

2. 加快国际话语传播

提升中国生态文明建设国际话语权，传递中国声音，讲好中国故事，是增强中国在全球生态环境治理格局中影响力的重要抓手。随着中国生态文明实践的持续推进，中国经验受到国际社会越来越多的关注和肯定。2016 年第二届联合国环境大会发布的《绿水青山就是金山银山：中国生态文明战略与行动》报告，即是对中国生态文明战略的充分褒扬。但既有的国际话语权格局根植于西强东弱、北强南弱的国际经济格局，西方发达国家凭借话语权优势，对中国的绿色合作和绿色发展进行"新殖民主义""帝国主义"的污名化，宣扬"中国威胁论""中国掠夺论"，歪曲事实、混淆视听，挤压中国的话语空间，削弱了中国生态文明建设的影响力。应在夯实生态文明建设成就的基础上，以回应国际生态环境治理的焦点问题为切入点，丰富传播方式、拓展传播路径，善用国际主流媒体、学术研究、文艺作品的表达方式、叙事方式，强化生态文明话语的可接受性和吸引力，提升中国生态文明国际话语传播的质量和权威性。

3. 增进经验交流合作

在生态文明建设过程中增进与其他国家的经验交流与合作，是中国提升国家生态环境治理能力、参与全球生态环境治理、促进人类命运共同体形成的题中应有之义。中国的生态文明建设虽然已经取得巨大成就，但仍然面临重重挑战和压力，形势仍然十分严峻。发达国家在生态环境治理方面的先进技术、经济政策、法律法规、公众参与等经验，富有借鉴价值。广大发展中国家在生态环境治理方面进展速度迥异、发展差距甚大，中国在建设中摸索积累的经验，也乐于与发展中国家分享，加强互学互鉴。联合国授予中国河北的塞罕坝林场"地球卫士奖"，盛赞毛乌素沙漠变绿洲"值得世界所有国家向中国致敬"，并将中国第七大沙漠库布齐确立为"全球沙漠生态经济示范区"。这些都是中国提供的宝贵经验，可以参照和借鉴。中国将努力寻求与发达国家、发展中国家在生态环境治理领域的最大公约数，探索全球生态环境治理的多元道路。坚持相互尊重、求同存异、团结合作原则，增强发展中国家探索适合自身绿色发展道路的能力，为全球生态文明建设提供中国方案。

4. 展现全球责任担当

作为负责任的发展中国家和社会主义大国，在全球生态环境治理中，中国一直主动承担与自身国情、发展阶段、实际能力相符的国际责任。中国积极应对气候变化并作为参与和引领全球生态文明建设的重大机遇，在气候治理的国际博弈中，在维护自身利益基础上，既考虑全人类的共同利益诉求，也考虑各国的差别利益诉求，提出体现中国智慧的方案。2020年9月22日，习近平总书记在第七十五届联合国大会一般性辩论中向世界作出庄严承诺：中国将力争在2030年前达到二氧化碳排放峰值，于2060年前实现碳中和。在国内发展不平衡不充分、外部环境复杂严峻的背景下，中国实现相关目标需要付出艰苦卓绝的努力。相关承诺彰显了中国统筹国内国际两个大局，从国内可持续发展的内在要求出发，将国际责任转化为国内政策行动，表达了走绿色低碳发展道路的坚定决心；振奋了全球社会共同应对气候变化的信心，为国际社会全面落实《巴黎协定》注入了希望和动力，展现了中国积极推动构建人类命运共同体的大国担当。

生态文明建设关乎人类未来。生态文明属于中国，更属于世界。通过不懈的努力，人与天调，天蓝地绿、山清水秀、生产发达、生活富裕的生态文明在中国定会实现。保持推进生态文明建设的战略定力，生态文明必将从中国走向世界。

主要参考文献

Arthur P. J. Mol, David A. Sonnenfeld and Gert Spaargaren, *The Ecological Modernisation Reader*. Routledge, London and New York, 2009.

Food and Agriculture Organization of the United Nations. Global Forest Resources Assessment 2000 (Main report). http://www. ccmss. org. mx/descargas/ Global_forest_resources_assesment_2000. pdf.

Food and Agriculture Organization of the United Nations. Global Forest Resources Assessment 2010 (Main report). http://www. fao. org/3/a - i1757e. pdf.

Hsu, A. et al. 2016 Environmental Performance Index. New Haven, CT: Yale University. www. epi. yale. edu.

United Nations Commission on Sustainable Development (UNCSD). Indicators of Sustainable Development: Guidelines and Methodologies. New York: Commission on Sustainable Development, 2007. https://sustainabledevel-opment. un. org/content/documents/guidelines. pdf.

Wackernagel, M., "Comment on 'Ecological Footprint Policy? Land Use as an Environmental Indicator'". *Journal of Industrial Ecology*, 2014, 18 (1).

Wackernagel, M. and Rees, W. "Our Ecological Footprint". *Green Teacher*, 1997, 45.

Yale Center for Environmental Law and Policy, Center for International Earth Science Information Network (CIESIN), 2018 Environmental Performance Index. Yale University, 2018. http://epi. yale. edu.

Yale Center for Environmental Law and Policy, Center for International Earth Science Information Network（CIESIN）, Environmental Sustainability Index（ESI）. Columbia University, 2018. http://sedac. ciesin. columbia. edu/data/collection/esi/.

北京师范大学经济与资源管理研究院、西南财经大学发展研究院:《2014人类绿色发展报告》,北京师范大学出版社,2014。

董秀海、胡颖廉、李万新:《中国环境治理效率的国际比较和历史分析——基于 DEA 模型的研究》,《科学学研究》2008 年第 6 期。

樊阳程、邬亮、陈佳、徐保军:《生态文明建设国际比较案例集》,中国林业出版社,2016。

樊阳程、吴明红、张连伟:《中国生态文明建设发展报告2021》,北京大学出版社,2022。

樊阳程、徐保军、张晓天:《生态文化讲义》,中国林业出版社,2022。

方时姣:《论社会主义生态文明三个基本概念及其相互关系》,《马克思主义研究》2014 年第 7 期。

海贝斯、格鲁诺、李惠斌:《中国与德国的环境治理》,中央编译出版社,2012。

赫尔曼·E. 戴利著《珍惜地球》,肯尼思·N. 汤森编,马杰、钟斌、朱又红译,商务印书馆,2001。

霍尔姆斯·罗尔斯顿著《环境伦理学:大自然的价值以及人对大自然的义务》,杨通进译,中国社会科学出版社,2000。

胡鞍钢、鄢一龙、魏星:《2030 中国迈向共同富裕》,中国人民大学出版社,2011。

《坚定不移沿着中国特色社会主义道路前进,为全面建成小康社会而奋斗——在中国共产党第十八次全国代表大会上的报告》,人民出版社,2012。

姬振海:《生态文明论》,人民出版社,2007。

李建平等:《全球环境竞争力报告（2015）》,社会科学文献出版社,2015。

联合国粮食及农业组织:《2015 年全球森林资源评估报告》（世界森林变化情况）,第 2 版,2015,http://www. fao. org/3/a – i4793c. pdf。

Richard Connor，David Coates，Stefan Uhlenbrook，Engin Koncagül：《联合国世界水资源开发报告 2018：基于自然的水资源解决方案》（执行摘要），联合国世界水资源评估计划（WWAP），2018，https：//unesdoc. unesco. org/ark：/48223/pf0000261594_chi。

刘仁胜：《生态学马克思主义概论》，中央编译出版社，2007。

刘思华：《关于生态文明制度与跨越工业文明"卡夫丁峡谷"理论的几个问题》，《毛泽东邓小平理论研究》2015 年第 1 期。

卢风：《从现代文明到生态文明》，中央编译局出版社，2009。

牛文元主编《2015 世界可持续发展年度报告》，科学出版社，2015。

世界卫生组织：《关于颗粒物、臭氧、二氧化氮和二氧化硫的空气质量准则（2005 年全球更新版）风险评估概要》，2006，http：//apps. who. int/iris/bitstream/handle/10665/69477/WHO_SDE_PHE_OEH_06. 02_chi. pdf；sequence = 3。

王军：《中国可持续发展评价指标体系：框架、验证及其分析》，《中国经济分析与展望（2016～2017）》，中国国际经济交流中心，2017。

吴风章主编《生态文明构建——理论与实践》，中央编译局出版社，2008。

吴明红、严耕、樊阳程、陈佳：《中国生态文明建设发展报告 2016》，北京大学出版社，2019。

习近平：《关于〈中共中央关于制定国民经济和社会发展第十四个五年规划和二〇三五年远景目标的建议〉的说明》，《人民日报》2020 年 11 月 4 日。

习近平：《高举中国特色社会主义伟大旗帜　为全面建设社会主义现代化国家而团结奋斗——在中国共产党第二十次全国代表大会上的报告》（2022 年 10 月 16 日），人民出版社，2022。

习近平：《决胜全面建成小康社会　夺取新时代中国特色社会主义伟大胜利——在中国共产党第十九次全国代表大会上的报告》（2017 年 10 月 18 日），人民出版社，2017。

习近平：《论坚持人与自然和谐共生》，中央文献出版社，2021。

习近平：《全面推进美丽中国建设　推进人与自然和谐共生的现代化》，

《人民日报》，2023 年 7 月 19 日。

严耕等：《中国省域生态文明建设评价报告（ECI 2016)》，社会科学文献出版社，2017。

严耕等：《中国省域生态文明建设评价报告（ECI 2015)》，社会科学文献出版社，2015。

严耕等：《中国省域生态文明建设评价报告（ECI 2014)》，社会科学文献出版社，2014。

严耕等：《中国省域生态文明建设评价报告（ECI 2013)》，社会科学文献出版社，2013。

严耕等：《中国省域生态文明建设评价报告（ECI 2012)》，社会科学文献出版社，2012。

严耕等：《中国省域生态文明建设评价报告（ECI 2011)》，社会科学文献出版社，2011。

严耕等：《中国省域生态文明建设评价报告（ECI 2010)》，社会科学文献出版社，2010。

严耕等：《中国生态文明建设发展报告 2016》，北京大学出版社，2019。

严耕等：《中国生态文明建设发展报告 2015》，北京大学出版社，2016。

严耕等：《中国生态文明建设发展报告 2014》，北京大学出版社，2015。

严耕、王景福等编《中国生态文明建设》，国家行政学院出版社，2013。

严耕、杨志华：《生态文明的理论与系统建构》，中央编译局出版社，2009。

杨通进、高予远编《现代文明的生态转向》，重庆出版社，2007。

耶鲁大学环境法律与政策中心、哥伦比亚大学国际地球科学信息网络中心：《2006 环境绩效指数（EPI）报告》（上），高秀平、郭沛源译，《世界环境》2006 年第 6 期。

耶鲁大学环境法律与政策中心、哥伦比亚大学国际地球科学信息网络中心：《2006 环境绩效指数（EPI）报告》（下），高秀平、郭沛源译，《世界环境》2007 年第 1 期。

余谋昌：《生态文明论》，中央编译出版社，2010。

中国科学院可持续发展战略研究组：《2015 中国可持续发展战略报告：重

塑生态环境治理体系》，科学出版社，2015。

中国科学院可持续发展战略研究组：《2013 中国可持续发展战略报告：未来 10 年的生态文明之路》，科学出版社，2013。

中国科学院可持续发展战略研究组：《2010 中国可持续发展战略报告：绿色发展与创新》，科学出版社，2010。

中国科学院可持续发展战略研究组：《2009 中国可持续发展战略报告：探索中国特色的低碳道路》，科学出版社，2009。

中国现代化战略研究课题组、中国科学院中国现代化研究中心：《中国现代化报告 2007：生态现代化研究》，北京大学出版社，2007。

中共中央宣传部：《习近平新时代中国特色社会主义思想学习纲要》，学习出版社、人民出版社，2019。

中共中央宣传部、中华人民共和国生态环境部：《习近平生态文明思想学习纲要》，学习出版社、人民出版社，2022。

中央文献研究室：《习近平关于社会主义生态文明建设论述摘编》，中央文献出版社，2017。

诸大建主编《生态文明与绿色发展》，上海人民出版社，2008。

主要数据来源

1. 经济合作与发展组织（OECD）统计数据：http://stats. oecd. org。

2. 联合国粮农组织统计数据库（FAOSTAT）：http://faostat. fao. org。

3. 联合国千年发展目标指标（Millennium Development Goals Indicators）数据库：http://unstats. un. org/unsd/mdg/Home. aspx。

4. 联合国数据库（UNdata）：http://data. un. org/。

5. 世界银行数据库：http://data. worldbank. org。

6. 世界资源研究所（World Resources Institute）数据库：http://www. wri. org。

后　记

中国的生态文明建设发展迅速有目共睹，中国的生态文明建设存在的问题也需要正视和解决。与世界各国尤其是发达国家和处于相似发展阶段的国家进行生态文明建设的全方位比较，是制定中国生态文明建设发展战略的基础研究需求。

为探索上述问题的答案，研究团队从单个建设领域的指标比较入手，最终实现了完整的指标体系构建，完成了较为系统的中国生态文明建设国际比较量化评价研究，分析了中国生态文明建设在国际范围内的发展态势、类型特征，提出中国生态文明建设今后的发展方向和政策建议。本书即是相关研究成果的集中展现。

感谢团队中的所有成员，本书是大家共同努力的成果。本书由团队成员分章撰写，第一章由樊阳程、胡鑫、郭一帆、张兆年共同撰写完成。第二章由樊阳程、刘阳撰写。第三、四章的执笔人为刘阳、樊阳程、徐保军。绪论和第五章执笔人为樊阳程、陈慧。全书由樊阳程审定和统稿。

本书的顺利出版，要特别感谢严耕教授，从选题到研究展开，直至书稿完成，他给予了大量指导和帮助。感谢阎景娟教授在研究和写作过程中给予的关心和督促。感谢吴明红、杨志华、陈佳、金灿灿、杨智辉等老师在研究方法、观点上的探讨。感谢刘广超院长、张秀芹书记对本书出版的鼎力支持。感谢国家社科基金评审人提出的宝贵意见。

杨昌军、孙煦扬、王腾、刘一丹、夏一凡、张泽宇、崔惠涓等同学在研究过程中对数据的收集和整理、研究内容的展开等都作出过不同程度的贡献。北京林业大学马克思主义学院与人文学院的领导和同人对本书的研究给予了许多支持和帮助，在此一并感谢。

社会科学文献出版社的编辑曹长香老师，为本书做了大量细致入微的编辑工作。我们对她的工作表示诚挚的谢意。

本书包含大量图表和数据，在处理过程中难免出现遗漏和错误。分析过程中，也有不少一家之言，敬请读者批评指正。

图书在版编目（CIP）数据

中国生态文明建设比较优势研究／樊阳程等著. --
北京：社会科学文献出版社，2023.12
ISBN 978 - 7 - 5228 - 2174 - 0

Ⅰ. ①中…　　Ⅱ. ①樊…　　Ⅲ. ①生态环境建设 - 研究 -
中国　　Ⅳ. ①X321.2

中国国家版本馆 CIP 数据核字（2023）第 141056 号

中国生态文明建设比较优势研究

著　　者／樊阳程　徐保军　刘　阳　陈　慧

出 版 人／冀祥德
责任编辑／曹长香
责任印制／王京美

出　　版／社会科学文献出版社（010）59367162
　　　　　地址：北京市北三环中路甲 29 号院华龙大厦　邮编：100029
　　　　　网址：www. ssap. com. cn
发　　行／社会科学文献出版社（010）59367028
印　　装／三河市尚艺印装有限公司

规　　格／开　本：787mm × 1092mm　1/16
　　　　　印　张：16.5　字　数：252 千字
版　　次／2023 年 12 月第 1 版　2023 年 12 月第 1 次印刷
书　　号／ISBN 978 - 7 - 5228 - 2174 - 0
定　　价／89.00 元

读者服务电话：4008918866